Amrein Martinelli Menti: Bauschäden – Entstehung, Verhütung

Eugen Amrein
Professor, Dr. sc. techn.
dipl. Ing. ETH/SIA

Reto Martinelli
Architekt HTL

Karl Menti
Architekt HTL

Bauschäden

Entstehung   Verhütung

Verlag Jacques Bollmann AG Zürich

ISBN 3 7167 1003 2

Buchinhalt ohne Rechtsverbindlichkeit

Gestaltung des Buchtitels: Peter Giovannini
Satz und Druck: Druckerei Jacques Bollmann AG, Zürich
Bindearbeiten: GEWO Buchbinderei AG, Zürich
Printed in Switzerland

Inhaltsübersicht

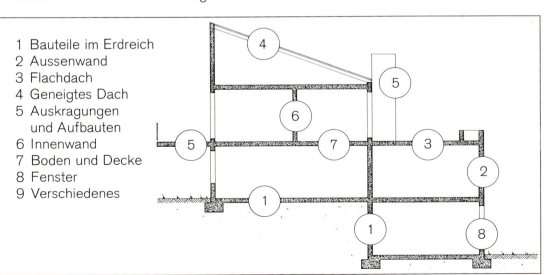

1 Bauteile im Erdreich
2 Aussenwand
3 Flachdach
4 Geneigtes Dach
5 Auskragungen
    und Aufbauten
6 Innenwand
7 Boden und Decke
8 Fenster
9 Verschiedenes

Vorwort

von Prof. Heinrich Kunz,
Vorsteher des Instituts für Hochbauforschung
an der ETHZ

Ist der Begriff «Bauschäden» in Anbetracht der bei uns doch stets perfekten Ausführung der gebauten Umwelt überhaupt aktuell? Gilt es noch als salonfähig, in Kreisen der Bauwirtschaft von «Bauschäden» zu sprechen?

Ich wage es, beide Fragen mit einem Ja zu beantworten, selbst auf die Gefahr hin, als Kritiker oder gar als Schulmeister bezeichnet zu werden. Es ist sehr zu begrüssen, dass mit dem vorliegenden Werk einmal eine objektive Darstellung der in der Schweiz immer noch häufig vorkommenden Schadenfälle erfolgt, ganz im Gegensatz zu den andernorts mit sensationellen Fallbeispielen aufgezogenen Veranstaltungen.

Obwohl die Qualität der schweizerischen Bautätigkeit im Vergleich zu ausländischen Verhältnissen gewiss als hochstehend bezeichnet werden darf, können wir im Rückblick auf die Früchte der vergangenen Hochkonjunktur unsere gebaute Umwelt nicht als fehlerfrei erklären. Die Absicht der Verfasser, anhand realistischer Beispiele einen Einblick in die immer wieder vorkommenden Fehler bei der Planung und Ausführung von Bauten zu geben, betrachte ich als äusserst verdienstvoll, da leider die zuständigen Bauverantwortlichen solche Misserfolge lieber verschweigen möchten.

Die für dieses Fachbuch ausgewählten Schadenbeispiele beschränken sich bewusst auf einfache Fälle, die aber immer wieder neu auftreten. Da das Buch «Bauschäden» einen vielseitigen Bereich von Lesern ansprechen soll, scheint mir die vergleichende Darstellung der falschen und richtigen Ausführung von konstruktiven Details als sehr zweckmässig.

Von meinem persönlichen Standpunkt aus begrüsse ich es, dass die Verfasser das Schwergewicht auf die Behandlung der technischen Ausführung von Bauteilen gelegt und dabei bewusst auf wissenschaftliche Analysen, formale Aspekte und wirtschaftliche Auswirkungen verzichtet haben. Bei dieser Gelegenheit darf wohl darauf hingewiesen werden, dass in letzter Zeit Versuche unternommen wurden, die übergeordnete und interdisziplinäre Behandlung von baulichen Mangelsituationen an die Hand zu nehmen, um dadurch zu allgemeingültigen Empfehlungen zur Vermeidung von Bauschäden zu gelangen. So hat sich das im Aufbau befindliche Forum «Mängel und Qualität im Bauwesen» zum Ziel gesetzt, die von der Planung über die Herstellung bis zur Nutzung und Wiederverwendung von Bauwerken auftretenden Fehler systematisch auszuwerten und dadurch einen Beitrag zur weiteren Qualitätssteigerung zu leisten.

Ein Blick auf das zukünftige Baugeschehen lässt uns vermuten, dass die Schadenanfälligkeit unserer modernen Bauwerke trotz der verbesserten Material- und Ausführungstechnik eher zunehmen wird. Dazu tragen unter anderem die vermehrte Auswahl an Baustoffen und die höheren Anforderungen an die Bauwerke bei. Ohne die Schaffung einer neutralen Informationsstelle im Sinne eines beschränkten Konsumentenschutzes wird wohl kaum zu vermeiden sein, dass weiterhin Experimente auf dem Rücken des Bauträgers durchgeführt werden.

Der erste Schritt in Richtung einer sinnvollen Auswertung von typischen Schadenfällen ist mit dem vorliegenden Werk erfolgt. Es ist nun die Aufgabe aller in der Bauwirtschaft wirkenden Kreise, bei der Bildung eines gesamtschweizerischen Forums zur Erhebung und Vermeidung von Baumängeln aktiv mitzuwirken. Die Herren Dr. Eugen Amrein, Reto Martinelli und Karl Menti haben es verstanden, dank ihrer spezifischen Fachkenntnisse und ihrer praktischen Erfahrungen eine beachtliche Entscheidungshilfe für die planenden, bauleitenden und ausführenden Personen des Bauprozesses zu schaffen, wofür ich ihnen persönlich meinen grössten Dank ausspreche.

2. März 1979   Heinrich Kunz

Einführung

In unserer langjährigen Tätigkeit als Berater und Gutachter auf dem Gebiete der Bautechnologie und Bauphysik (Wärme-, Schall-, Feuchtigkeitsschutz, Baukonstruktion) haben wir uns auch mit der Analyse von über 2000 Bauschäden befasst. Dabei ist festzustellen, dass die Schadenhäufigkeit bei einfachen, üblichen Konstruktionen und Detailausführungen trotz neuer Technologien sehr hoch ist.

Diese Erkenntnisse haben uns bewogen, ein für die Schweiz neuartiges Buch über Bauschäden, ihre Entstehung und Verhütung zu schreiben und dabei besonders auf die spezifisch schweizerischen Verhältnisse einzutreten. Bei den ausgewählten Beispielen handelt es sich um Schäden an neueren Gebäuden, die ausschliesslich in den ersten fünf Jahren nach Bauvollendung aufgetreten sind.

Baumängel, welche früher oder später zu Bauschäden führen, entstehen vorwiegend durch Planungs- und Ausführungsfehler, aber auch durch mangelnden Gebäudeunterhalt oder falsche Nutzung.

Damit die Häufigkeit von Bauschäden vermindert werden kann, muss in der Planungsphase den bautechnologischen Belangen mehr Beachtung geschenkt und das dazu notwendige Verständnis geweckt werden. Besonders bei der Gestaltung, Struktur- und Materialwahl der Gebäudehülle ist vermehrt auf die spezifischen Einflüsse der Witterung zu achten. Die bauphysikalischen Gegebenheiten sind frühzeitig ins Planungskonzept miteinzubeziehen. Das Schadenrisiko einer Konstruktion muss neben Ästhetik, Kosten und Terminen bei deren Wahl gebührend berücksichtigt werden.

Um den heutigen Mangel an guten Planern auf dem Gebiete der Baukonstruktion zu beseitigen, muss die Aus- und Weiterbildungsmöglichkeit des Planungskaders verbessert und deren wichtige Tätigkeit endlich erkannt werden.

Der Unternehmer muss vor der Arbeitsausführung prüfen, ob die planerischen Unterlagen und baulichen Gegebenheiten eine handwerklich einwandfreie Ausführung zulassen. Gelangen neuartige Konstruktionen, Baustoffe und Bausysteme zur Anwendung, so sollen sich Planer und Unternehmer eingehend informieren. Die Bauherrschaft soll seriöse Planer und Unternehmer wählen und diese leistungsgerecht honorieren, längere Bauzeiten akzeptieren, später fachgerechte Kontrollen und Unterhaltsarbeiten am Gebäude durchführen lassen und das Objekt sachgerecht nutzen. Häufig werden, nicht zuletzt auf Drängen der Bauherrschaft, zu hohe Risiken eingegangen.

Die in diesem Buch behandelten Schadenfälle zeigen sehr deutlich, wie wichtig es ist, dass die verschiedenen Einflüsse und Gegebenheiten beachtet, im Zusammenhang erkannt und bei der Planung, Ausführung und Gebäudenutzung entsprechend berücksichtigt werden. In der heutigen Zeit ist festzustellen, dass im Rahmen von bauphysikalischen Beratungen oft Teilaspekte wie Wärmedämmung, Dampfdiffusion überbewertet und häufig nicht richtig in die Gesamtkonzeption miteinbezogen werden.

Die im vorliegenden Buch besprochenen Schadenfälle sollen die Problematik der Bauschäden nicht aufbauschen, sondern vielmehr dem Bauschaffenden und allen indirekt am Bau Beteiligten eine Hilfe sein. Das Buch «Bauschäden» ist als erster Beitrag dieser Art zu werten und erhebt keinen Anspruch auf Vollständigkeit.

20. April 1979   Die Autoren

1.1 Betonaussenwand im Erdreich

Sachverhalt

– Betonaussenwand 30 cm stark mit verputzter Backsteinvormauerung und dazwischenliegender Wärmedämmschicht

– Wasserbelastung nur durch Sickerwasser

– Wasserinfiltrationen ins Konstruktionsinnere mit Durchfeuchtung (Bild 1)

Schadenursache

– Aufstauen von Sickerwasser (Bild 2)

– Durch Bauschutt und Ablagerungen verstopfte Sickerleitung

– Oberste Reihe der Sickerplatten ist nicht abgedeckt und die Sickerplatten teilweise verstopft (Bild 3)

– Ungeeignetes Hinterfüllmaterial

– Einlaufflächen und Hohlkehle fehlen oder sind mangelhaft (Bild 4)

– Offene Löcher bei Distanzhalter (Bild 5)

– Schlechter, poröser Beton mit grossen Kiesnestern leicht abzuschlagen (Bild 6, 7, 8, 9)

– Schutzanstrich weder ganz- noch geschlossenflächig aufgetragen (Bild 4)

– Isolation gegen aufsteigende Feuchtigkeit unter Vormauerung fehlt

Schadenverhütung

– Wahl der geeigneten Betonmischung

– Mit steifplastischer Konsistenz kann die Entmischungsgefahr wesentlich reduziert werden; Mörtelvorlage

– Wasserzementfaktor so klein wie möglich und konstant halten

– Komponenten genau dosieren

– Prüfen der Betonqualität (Ergiebigkeitsprobe)

– Schalung zweckmässig vorbehandeln

– Beton in gleichmässigen Schichten und mit geeigneten Geräten einbringen, sofort verdichten und nachbehandeln

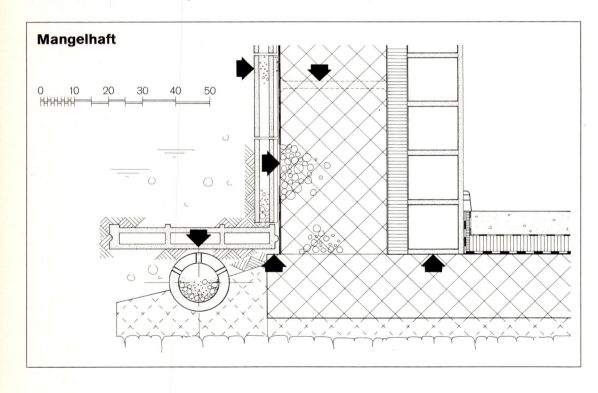

Mangelhaft

0 10 20 30 40 50

1

2

3

4

5

6

7

8

9

- Kontrolle der Wandoberfläche nach dem Ausschalen durch die Bauleitung

- Kiesnester und andere Fehlstellen auf solide Art ausbessern

- Fett- und Schalölrückstände oder schlechthaftende Zementsteinschicht entfernen

- Abstandhalter, Bindeeisen und freiliegende Armierung 2 cm tief freilegen und mit geeignetem Mörtel eindichten

- Erst nach einwandfrei vorbereiteter Wandoberfläche Feuchtigkeitsschutzschicht geschlossenflächig, regelmässig und genau nach Verarbeitungsvorschrift auftragen

- Sickerleitung ø 12 cm, Gefälle ≧ 1%

- Richtige Ausbildung der Einlaufflächen und der Hohlkehle

- Sorgfältiges, einwandfreies Versetzen der Sickerplatten, Hohlräume der obersten Plattenreihe abdecken

- Geeignetes Hinterfüllmaterial verwenden

- Sickerleitung bereits vor Hinterfüllung zum ersten Mal spülen, nach Bauvollendung periodisch wiederholen

- Im Sickerleitungssystem genügend Kontrollschächte und Spülstutzen einbauen

- Bauherr bzw. Verwalter muss revidierten Kanalisationsplan besitzen und über Unterhaltsarbeiten informiert werden

- Isolation gegen aufsteigende Feuchtigkeit siehe unter 1.2

- Je nach Raumklima Dampfbremse oder Dampfsperre einbauen

- Abklären ob das Sickerleitungskonzept, unter Berücksichtigung der Lage und des Ausmasses des Gebäudes, der Baugrundverhältnisse und des zu erwartenden Wasseranfalles, einen dauerhaften Schutz vor drückendem Wasser gewährleisten kann

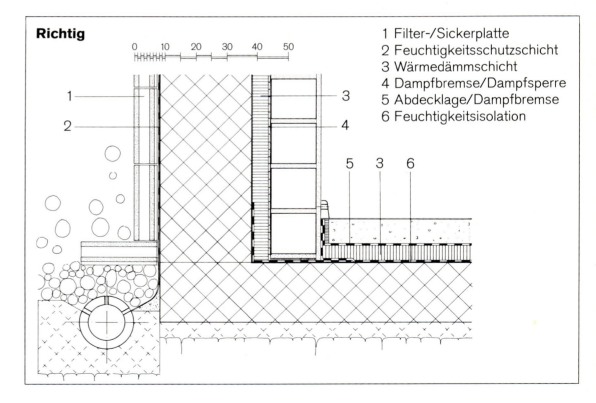

Richtig

1 Filter-/Sickerplatte
2 Feuchtigkeitsschutzschicht
3 Wärmedämmschicht
4 Dampfbremse/Dampfsperre
5 Abdecklage/Dampfbremse
6 Feuchtigkeitsisolation

1.2 Boden auf Erdreich

Sachverhalt

– Nicht unterkellerte, bewohnte Räume mit teilweise erdberührten Aussenwänden, leichte Hanglage

– Aussenwände aus Beton mit innenliegender Wärmedämmschicht aus Schaumpolystyrol auf Gipskartonplatten

– Betonboden als Fundamentplatte ausgebildet; einlagige, bituminöse Feuchtigkeitsisolation, Wärmedämmschicht, Mörtelschicht mit Bodenheizungsrohren aus Stahl, Tonplattenbelag

– Innenwände Backstein verputzt

– Durchfeuchtungen und Verfärbungen an Innen- und Aussenwänden und stehendes Wasser in Kontrollöchern der Bodenüberkonstruktion (Bild 3, 4)

Schadenursache

– Sickerwasser dringt in Bodenüberkonstruktion ein

– Zu hoch liegende Sickerleitung

– Verstopfte Sickerleitung als Folge von kalkartigen Ablagerungen (Bild 1, 2)

– Spülstutzen ohne Deckel, mit Erde überdeckt

– Gipskartonplatten ohne Feuchtigkeitsisolation bis auf Betonboden geführt (Bild 4, 5)

– Isolation gegen aufsteigende Feuchtigkeit unter dem Innenwandmauerwerk fehlt

– Undichte, bituminöse Feuchtigkeitsisolation auf dem Boden, weil Bahnenstösse stellenweise ungenügend überlappt bzw. verklebt sind und die Trägerfolie aus Aluminium an ungeschützten Stellen korrodiert ist (Bild 6, 7), Korrosion siehe unter 9.2

Mangelhaft

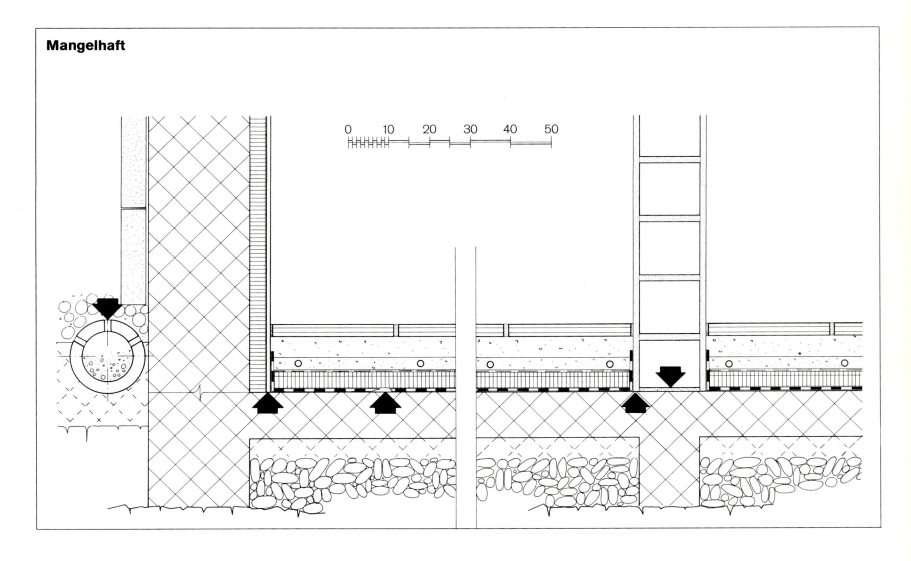

0　　10　　20　　30　　40　　50

1

2

3

4

5

6

7

Schadenverhütung

– Sickerleitung genau planen und dabei beachten, dass die Einlauflöcher beim Sikkerrohr im Maximum auf der Höhe der horizontalen Feuchtigkeitsisolation des Bodens liegen (Unterhalt siehe unter 1.1)

– Bodenoberfläche zur Aufnahme einer bituminösen Feuchtigkeitsisolation abtaloschieren oder mit einem Ausgleichsüberzug versehen

– Unter dem aufgehenden Mauerwerk ist als Feuchtigkeitsisolation ein reissfester, beidseitig ca. 10 cm vorstehender Streifen aus einer Bitumendichtungsbahn zu verlegen z. B. J3

– Bei Vormauerungen ist die vorgängig zu verlegende Feuchtigkeitsisolation als Winkel auszubilden und an der Aussenwand, eventuell zwischen Wärmedämmschicht und Vormauerung, hochzuziehen

– Dichtungsbahnen mit Aluminiumfolien als Träger z. B. Alu 10B sind zum Schutz der Aluminiumfolie gegen Korrosion bei beschädigter Bitumendeckschicht, auf eine Unterlagsbahn V60 oder einen Bitumenvorguss zu verlegen

– Die Feuchtigkeitsisolation ist mit den entlang den Wänden vorstehenden Dichtungsbahnstreifen zu verkleben und hochzuziehen

– Bei Durchdringungen ist die Feuchtigkeitsisolation aufzuborden

– Die Ausführung der Feuchtigkeitsisolation, besonders die Überlappung und Verklebung der Bahnenstösse, Aufbordungen usw., durch Bauleitung stichprobenweise kontrollieren

– Zum Schutz gegen mechanische Verletzungen ist die Feuchtigkeitsisolation sofort mit den Wärmedämmstoffplatten abzudecken

– Gegen das Eindringen von Wasser in die Wärmedämmschicht von oben (interne Leitungsschäden etc.) ist der Einbau einer dichten Abdecklage bzw. Dampfbremse aus einer Bitumendichtungsbahn V60 mit Aufbordung zu empfehlen, grössere Flächen abschotten

– Feuchtigkeitsisolationen sollen nur durch ausgewiesene, qualifizierte Unternehmer erstellt werden

– Je nach Anforderungen Trittschalldämmschicht einbauen

– Bei parallel zum Hang verlaufenden Fundationsriegeln sind in diesen einzelne Durchlassöffnungen auszusparen, um die Bildung von Stauwasser unter dem Gebäude zu vermeiden

– Je nach Wasserbelastung geeignete Sikkerschicht oder Drainagesystem unter Betonboden einbauen

Boden auf Erdreich

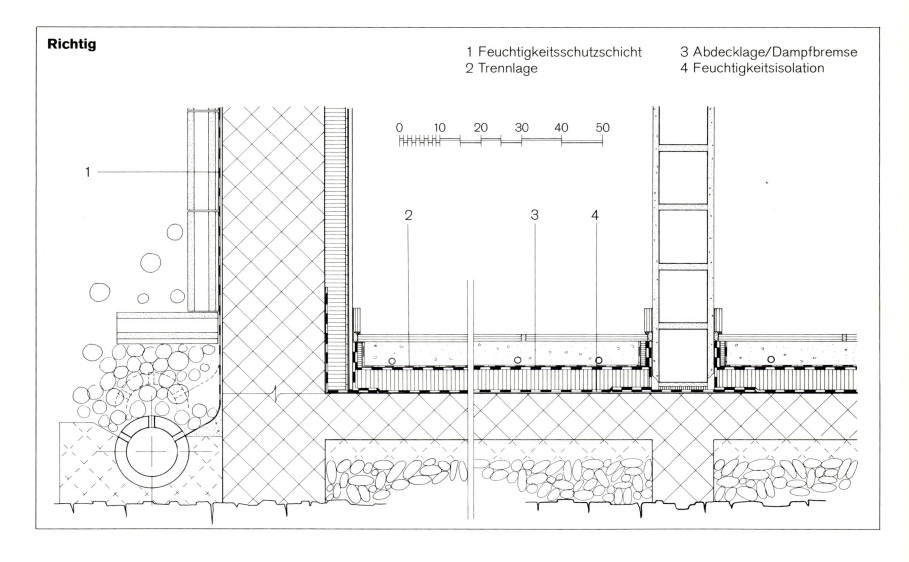

Richtig

1 Feuchtigkeitsschutzschicht
2 Trennlage
3 Abdecklage/Dampfbremse
4 Feuchtigkeitsisolation

0   10   20   30   40   50

1.3 Boden über Hohlraum

Sachverhalt

– Bewohnter Raum mit Boden über Hohlraum in einem Gebäude an Hanglage

– Feuchtstellen, Verfärbungen, Schimmelpilzbildungen und Putzablösungen an Wänden (Bild 2, 3)

– Feuchte Bodenkonstruktion (Bild 4)

– Unbehaglicher, ungenügend warmer Raum mit üblem Geruch

Schadenursache

– Feuchtigkeitsisolation zwischen Überbeton und Bodenüberkonstruktion aus einer Polyäthylenfolie 0,1 mm ist ungenügend und weist viele kleinere und grössere Löcher auf

– Keine Durchlüftung des Hohlraumes

– An den kalten Randzonen tritt an der Unterseite der Hohlkörperdecke Oberflächenkondensat auf und führt zur Durchfeuchtung der Konstruktion (Bild 1, 5)

– In der Bodenkonstruktion ist keine Wärmedämmschicht eingebaut und der vorhandene k-Wert von ca. 1.7 W/m^{2}K (1.5 kcal/m^{2}hgrd) ungenügend (tiefe Oberflächentemperatur, grosser Wärmeverlust)

– Wärmebrücke und Durchfeuchtung im unteren Bereich der Innenwand, da Feuchtigkeitsisolation und Wärmedämmschicht fehlen (Bild 2, 3)

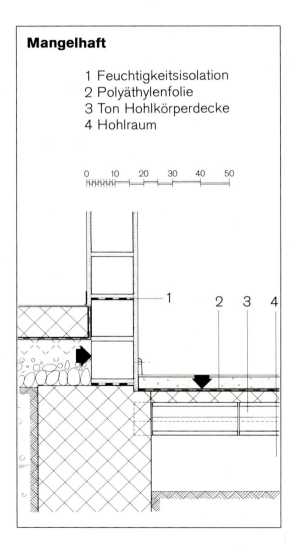

Mangelhaft

1 Feuchtigkeitsisolation
2 Polyäthylenfolie
3 Ton Hohlkörperdecke
4 Hohlraum

0 10 20 30 40 50

Boden über Hohlraum

1

2

3

4

5

Schadenverhütung

- Einbau einer Feuchtigkeitsisolation (z. B. V60) zwischen Überbeton und Bodenüberkonstruktion

- Hohlraum min. 50 cm hoch, durchlüftet

- Wärmedämmschicht an Boden und Wänden einbauen und mindestens so dimensionieren, dass die Oberflächentemperatur der Wand nicht mehr als 2 K unter der Raumlufttemperatur liegt bzw. der k-Wert des Bodens $\leq$ 0.9 W/m²K (0.77 kcal/ m²hgrd) beträgt

- Eventuell zusätzliche Trittschalldämmschicht oder trittschalldämmende Wärmedämmschicht einbauen

- Abdecklage sowie Feuchtigkeitsisolation bei Böden auf Erdreich und unter Mauerwerk siehe unter 1.2

- Erstellen einer Sickerleitung hangseits des tiefer liegenden Gebäudeteiles

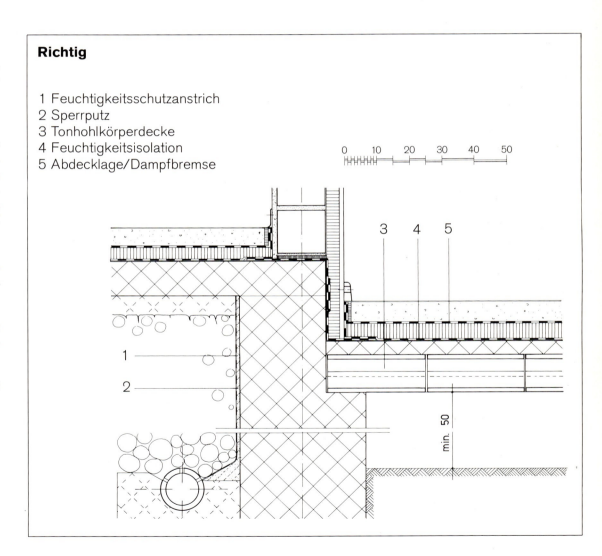

Richtig

1 Feuchtigkeitsschutzanstrich
2 Sperrputz
3 Tonhohlkörperdecke
4 Feuchtigkeitsisolation
5 Abdecklage/Dampfbremse

0 10 20 30 40 50

min. 50

2.1 Sichtbacksteinmauerwerk

Sachverhalt

- Sichtmauerwerke aus Backstein an wetterexponierten Fassadenpartien

- Mauerwerksdurchfeuchtungen, Steinverfärbungen, Steinabsprengungen, Ausblühungen

- Reduziertes Wärmedämmvermögen der Aussenwandkonstruktion

- Innere Aussenwandoberflächen mit Verfärbungen und Tapetenablösungen

Schadenursache

- Wetterexponierte Fassadenpartien sind ungenügend geschützt

- Mangelhafte Ausführung der Mörtelfugen (Bild 1, 4)

- Nicht funktionstüchtige Mauerkronenabdeckung, Standwasser in der Backsteinlochung (Bild 2, 6)

- Risse als Folge von temperaturbedingten Deformationen der zum Teil kraftschlüssig eingebauten Fensterbänke, Stürze etc.

- Keine oder ungenügende Abdichtung zwischen Fensterbänken, Stürzen und Mauerwerk (Bild 3, 4, 7, 8)

- Verwendung von frostanfälligem Steinmaterial

- Austrocknungsbehinderung bei silikonisierten Steinen, Verfärbungen (Bild 6)

- Massgebende Richtlinien für Planung und Ausführung von Sichtmauerwerk ungenügend beachtet

- Niederschlagswasser dringt an den verschiedenen, undichten Stellen in die Konstruktion ein

- Frost sprengt durchfeuchtete Steinpartien ab

- Nach aussen austrocknendes Wasser lagert an der Oberfläche Salze ab (Ausblühungen) (Bild 5)

Schadenverhütung

- Anwendung von Sichtmauerwerk bei stark wetterexponierten Aussenbauteilen nur mit geeigneten Schutzmassnahmen, wie Vordächer

- Frostsicheres Steinmaterial verwenden

- Im Sockelbereich Mauerwerk $\geq$ 30 cm über Terrain ansetzen und gegen aufsteigende Feuchtigkeit isolieren, ca. jede 4. Stossfuge der untersten Steinschicht offen lassen, eventuell Gleitschicht einbauen und Fuge elastisch verfugen

- Schädliche Einflüsse infolge Verformungen von Bauteilen durch Einbau von Trenn- und Dilatationsfugen verhindern

- Stärke der Mörtelfugen min. 10 mm, max. 15 mm

- Für Mauerwerksmörtel optimale Sandkornabstufung (EMPA-Kurve) und richtiger Bindemittelgehalt (PC 350) einhalten, Feinkornmaterial von 0 bis 0,2 mm muss in genügendem Masse enthalten sein, evtl. Kalksteinmehl verwenden (bis zu 20 Gew.-% des Sandanteiles), max. Korngrösse 3 mm

- Stossfugen als «Spatz» auftragen, kein Mörtel nachträglich auffüllen

1

2

3

4

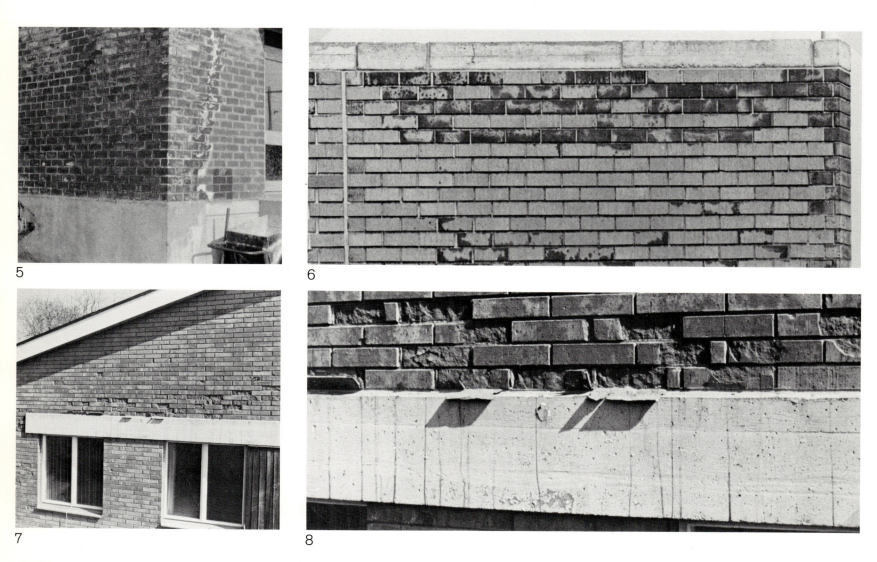

5

6

7

8

- Steine im ersten Arbeitsgang in frischen Lagerfugenmörtel setzen

- Ausgepresster Mörtel vorsichtig abziehen und Fugen mit Kunststoffrohr (ø 2 – 3 cm) bügeln

- Bei grösseren Bauvorhaben Mustermauerwerk erstellen

- Evtl. nachträglich in einem zweiten Arbeitsgang mit speziellem Ausfugemörtel steinbündig nachfugen, Fugenmörtel vorgängig bis zu einer Tiefe von ~ 2 cm auskratzen

- Zwischen Wärmedämmschicht und Sichtmauerwerk ist ein Lufthohlraum ≧ 2 cm erforderlich

- Mauerwerksmörtel darf nicht in Hohlraum gelangen, beim Vermauern geeignete Massnahmen treffen

- Planung und Ausführung der Mauerkronenabdeckung besondere Aufmerksamkeit schenken

- Blechabdeckung soll oberste Steinlagerfuge abdecken und ist gegen auftreibendes Wasser abzudichten

- Sichtmauerwerk während Arbeitsunterbrüchen vor Durchnässung und Verschmutzung schützen

- Mörtelzusatzmittel (Frostschutz etc.) vermeiden oder Eignung genau abklären

- Verwendung von silikonisierten Steinen oder nachträgliches Silikonisieren des Sichtmauerwerkes von Fall zu Fall mit Lieferwerk abklären

- Die Anwendung von Sichtmauerwerk, insbesondere zweischalige Mauerwerkskonstruktionen, erfordert ausserordentlich genaue Beachtung der spezifischen Probleme bei Planung, Überwachung und Ausführung

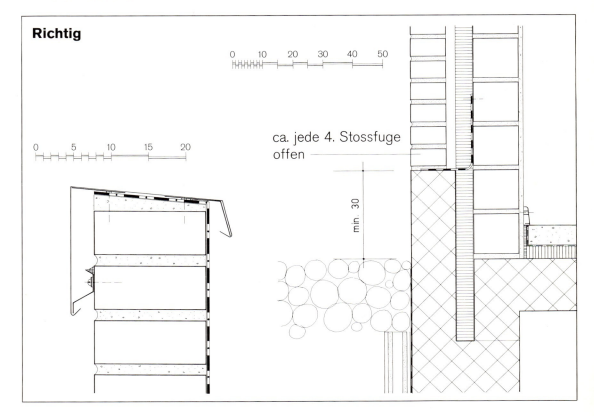

Richtig

ca. jede 4. Stossfuge offen

min. 30

2.2 Geschlämmtes Mauerwerk

Sachverhalt

– Geschlämmtes Sichtbacksteinmauerwerk

– Feuchtigkeitsinfiltrationen bei Mörtelfugen, Fugen zwischen Beton und Backstein und An- und Abschlussbereichen

– Schlämmputzablösungen, Backsteinabsprengungen

Schadenursache

– Wetterexponierte, ungeschützte Mauerwerkspartien

– Mangelhafte Abdichtungen bei An- und Abschlüssen

– Defekte Fugen durch unsachgemässe Ausbildung von Fugenflanken und Fugenbett

– Mauerkronenabdeckungen ohne Vorsprünge (Bild 1, 2, 3, 5)

– Mangelhafter Feuchtigkeitsschutz im Sokkelbereich (Bild 2, 6)

– Abrisse zwischen Fugenmörtel und Backstein (Bild 3, 7)

– Durch Risse und offene Fugen eingedrungenes Wasser führt zur Haftungsverminderung des Schlämmputzes, bei Sonneneinstrahlung oder Frost zu Schlämmputzablösungen und Steinabsprengungen

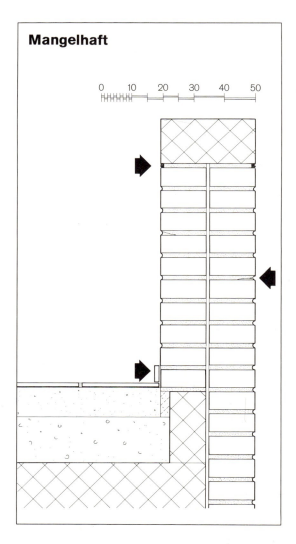

Mangelhaft

0 10 20 30 40 50

Geschlämmtes Mauerwerk

1

2

3

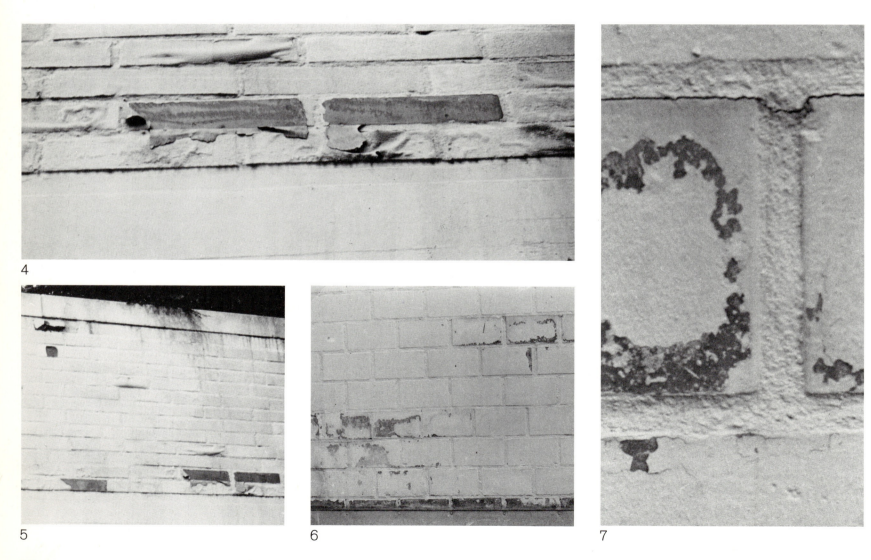

4

5

6

7

Schadenverhütung

- Geschlämmtes Mauerwerk nur bei witterungsmässig unbedeutend beanspruchten Aussenbauteilen oder bei Innenwänden anwenden

- Das zu schlämmende Mauerwerk hat bezüglich Materialwahl und Verarbeitung Sichtmauerwerks-Qualität zu entsprechen (siehe 2.1)

- Es eignen sich nicht alle Steine zum Schlämmen, sie sind nach Rücksprache mit dem Lieferwerk speziell zu bestellen

- Der Schlämmputz darf nicht von Feuchtigkeit unterwandert werden, das heisst das Mauerwerk muss dauerhaft trocken bleiben

- Mauerwerk gegen aufsteigende Feuchtigkeit, Spritzwasser etc. schützen

- Der Wahl und dem Applikationsverfahren des mineralischen oder kunststoffvergüteten Schlämmputzmaterials ist besondere Beachtung beizumessen

- Die Schlämme darf die Dampfdiffusion nicht beeinträchtigen

- Vor dem Schlämmputzauftrag muss das Mauerwerk trocken, sauber und staubfrei sein

- Frischen Schlämmputz vor schnellem Austrocknen und vor Regen schützen

- Mauerkronenabdeckungen sollen das Mauerwerk um 5–10 cm überragen und eine funktionstüchtige Tropfkante aufweisen, Bewegungsfugen dicht ausbilden

- Für unverputztes, gestrichenes Mauerwerk gelten sinngemässe Überlegungen

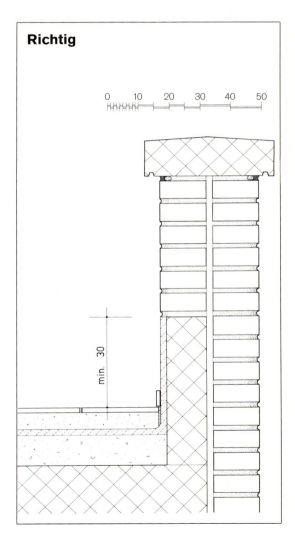

Richtig

2.3 Verputztes Mauerwerk

Sachverhalt

– 2- bis 4-geschossige Bauten mit verputzten Aussenwänden aus homogenem Verbandsmauerwerk oder äusserem, tragendem Einsteinmauerwerk mit innerer Vormauerung, Decken aus Beton

– Risse, die horizontal, vertikal oder abgestuft verlaufen

– Putz- und Steinabsprengungen, Feuchtstellen, Deckputzablösungen, Verfärbungen

Schadenursache

– Überbeanspruchung des Mauerwerkes durch Krafteinleitung als Folge der Deckendeformation (Schwinden, Kriechen, Temperatureinflüsse), da Gleit- und Deformationslager beim Deckenauflager fehlen (Bild 1, 6)

– Zwischen Deckenstirne und Steinvormauerung keine oder nur harte Dämmstoffeinlage (Bild 6)

– Üblicher Unterlagsboden auf oberster Decke (k ~ 2.5 W/m²K bzw. 2.2 kcal/m²hgrd) schützt die Betondecke im kalten Dachraum gegen äussere Temperatureinwirkungen (Dehnung, Kontraktion) ungenügend (Bild 1)

– Unterschiedliches Verhalten von Bauteilen aus Backstein und Beton bei wechselnden Temperatureinwirkungen (Dehnung, Kontraktion), unter Belastung (Kriechen) und wechselndem Feuchtigkeitsgehalt (Schwinden/Quellen) (Bild 2, 5, 8)

– Überbeanspruchung des Mauerwerkes durch behindertes Dehnen des satt eingepassten Fensterbankes unter Sonneneinstrahlung (Bild 7)

– Feuchtigkeitsinfiltration führt unter Frosteinwirkung zu Putz- und Steinabsprengungen (Bild 3)

– Keine Dilatationsfuge bei Gebäude mit versetztem Grundriss bzw. gestaffelten Fassaden (Bild 9)

– Feuchtigkeit dringt bei naheliegendem Riss in die Konstruktion ein, kann nicht oder nur sehr langsam nach aussen austrocknen, löst unter Sonneneinstrahlung oder Frost Deckputz mit Dispersionsanstrich (Bild 4)

– Fehlen eines Sockelputzes und ungenügende Entwässerung des an das Gebäude angrenzenden Terrains führen zu Durchfeuchtung, Veralgung und Ablösung des Putzes (Bild 10)

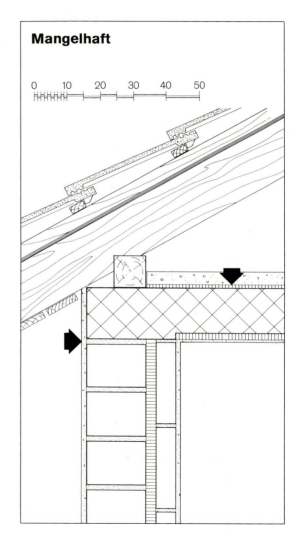

Mangelhaft

0   10   20   30   40   50

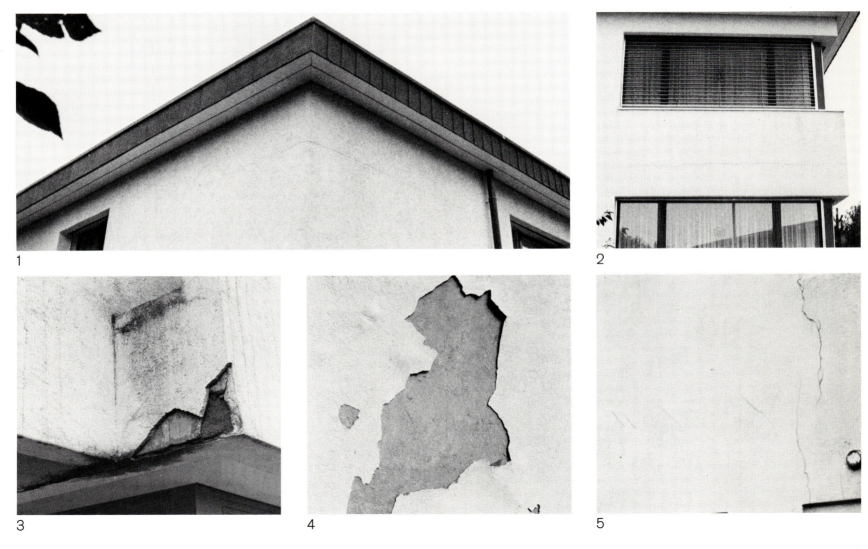

1

2

3

4

5

6

7

8

9

10

Schadenverhütung

- Einsteinmauerwerke d ≦ 18 cm mit aussenliegender, verputzter oder vorgehängt verkleideter Wärmedämmschicht versehen

- Wenn schon äussere, tragende Mauerwerke, dann d ≧ 25 cm wählen

- Durch Wahl eines Mauerwerkes mit grosser Masse können die negativen Auswirkungen der äusseren Temperatureinflüsse durch das erhöhte Wärmebeharrungsvermögen reduziert werden

- Wärmedämmkonzept erarbeiten; Lage, Material und Stärke der Dämmschicht wählen

- Wärmedämmkonzept bei allen Details konsequent durchbilden, Wärmebrücken vermeiden

- Zwischen oberster Betondecke und tragenden Innen- und Aussenwänden Gleit- oder Verformungslager einbauen, Schwedenschnitt zwischen Wand- und Deckenputz

- Betondecken so dimensionieren (Abmessungen, Deckenstärke und Armierung), dass die Verformungen im Auflagerbereich möglichst gering sind

- Bei Zwischendecken Deckenstirne abschalen, Auflagerfläche mit Kunststofffolie oder Pappe abdecken, damit Löcher der Steine nicht mit Beton gefüllt werden, nach dem Ausschalen weiche Dämmschicht aus Faserstoff auf Deckenstirne anbringen, Vormauerung erstellen

- Für Stürze möglichst gleiches oder ähnliches Material wie Mauerwerk verwenden, grosse Spannweiten vermeiden

- Bei unumgänglichem Materialwechsel Bewegungsfuge ausbilden oder kleine Flächen (Stahlstützen etc.) mit getrenntem, armiertem Putz überspannen

- Eventuell stark belastete Mauerwerksflächen von unbelasteten Partien durch Fugenausbildung trennen

- Bis ca. 30 cm über Terrain speziellen, feuchtigkeitsbeständigen Sockelputz auftragen

- Garten und Rasenflächen durch sickerfähige Geröllpackung vom Gebäudesockel trennen

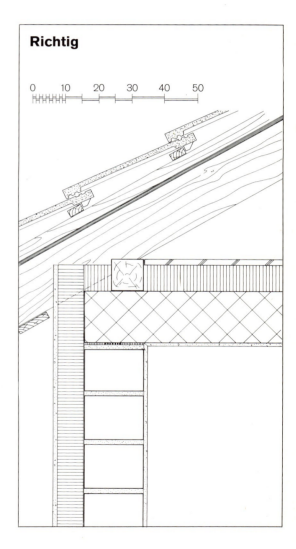

Richtig

0   10   20   30   40   50

35

2.4 Verputztes Zweischalenmauerwerk

Sachverhalt

– 1- bis 2-geschossiges Gebäude mit Aussenwänden aus verputztem Zweischalenmauerwerk

– Äussere Schale mit Vertikalrissen an Fassadenecken und im Bereich von auskragenden Bauteilen (Bild 1, 2, 3, 4)

– Vertikalriss und Deckputzablösungen bei Fensterleibung (Bild 7)

– Feuchte Stellen in der äusseren Mauerwerksschale

– Putz- und Steinabsprengungen (Bild 3)

Schadenursache

– Fehlende oder ungenügend dimensionierte Bewegungsfugen führen infolge sommer- und winterlicher Temperatureinflüsse (Dehnung, Kontraktion) zu Mauerwerksspannungen, die die zulässigen Werte überschreiten (Bild 1, 2, 3, 6)

– Keine Trennfugen zwischen auskragenden Bauteilen des Tragsystems und nicht tragender, äusserer Mauerwerksschale (Bild 4)

– Mörtelbrücken behindern die Bewegung der äusseren Mauerwerksschale infolge ungenügender Hohlraumbreite zwischen harter Wärmedämmschicht und äusserer Mauerwerksschale (Bild 5)

– Bei Rissen eindringendes Regenwasser durchfeuchtet das äussere Mauerwerk und unter Frosteinwirkung erfolgen Absprengungen

– Verwendung von gipshaltigem Mörtel für Flickstelle (Bild 7)

– Schwachstellen im Grundputz bei Fassadenecke durch Arbeitsfuge (Bild 1)

Schadenverhütung

– Innere, tragende Schale d ≧ 12 cm durch Dämmstoff bzw. Lufthohlraum konsequent von äusserer nicht tragender Schale d ≧ 12 cm trennen

– Nur standfeste Dämmstoffe verwenden

– Zuerst eine Schale hochziehen und Wärmedämmstoffplatten lückenlos anbringen

– Aufgebrachte Dämmschicht durch Bauleitung kontrollieren

– Bei harten Dämmstoffen ist zwischen der Dämmschicht und der äusseren Schale ein Hohlraum ≧ 2 cm erforderlich

– Harte Dämmstoffe an innerer Schale aufbringen und beim Mauern der äusseren Schale vermeiden, dass Mörtel in Hohlraum gelangt

– Je nach raumklimatischen Voraussetzungen und Baustoffwahl Dampfbremse/-sperre einbauen

– Die äussere Schale darf nicht belastet werden und muss sich ungehindert, allseitig parallel zur Mauerwerksebene bewegen können

– Thermisch bedingte Bewegungen der äusseren Schale bei der Planung berücksichtigen

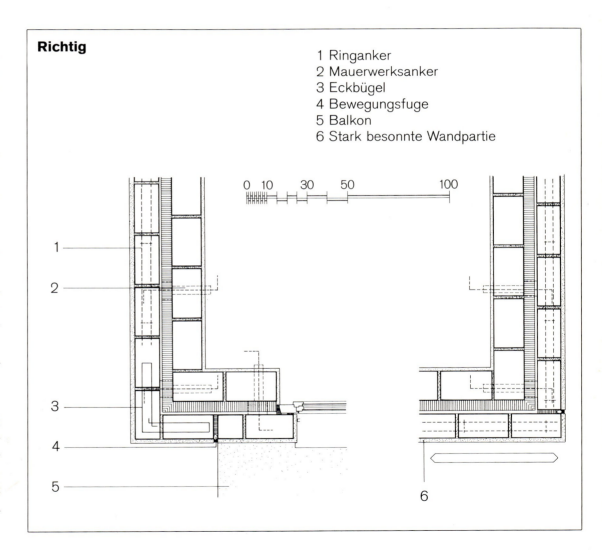

Richtig

1 Ringanker
2 Mauerwerksanker
3 Eckbügel
4 Bewegungsfuge
5 Balkon
6 Stark besonnte Wandpartie

0   10   30   50   100

1

2

3

Verputztes Zweischalenmauerwerk

4

5

6

7

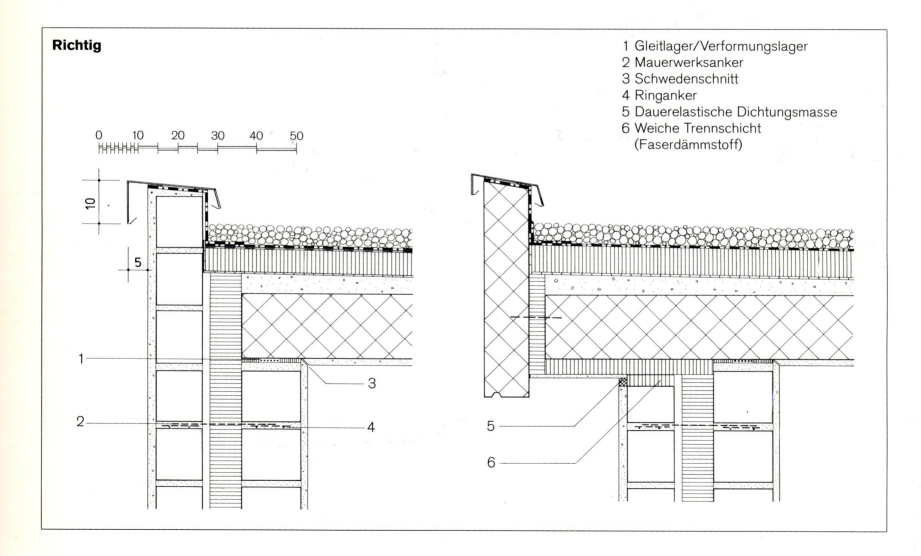

Richtig

1 Gleitlager/Verformungslager
2 Mauerwerksanker
3 Schwedenschnitt
4 Ringanker
5 Dauerelastische Dichtungsmasse
6 Weiche Trennschicht
  (Faserdämmstoff)

- Grosse Mauerwerksflächen durch richtig geplante Bewegungsfugen dilatieren

- Fassadenecken der äusseren Schale sind je nach Fläche und Orientierung mit einer durchgehenden Dehnungsfuge zu trennen

- Schmale Eckstücke < 100 cm können im Verband gemauert werden und sind mit ca. 4 Eckbügeln pro Geschosshöhe zu verstärken

- Äussere Schale von durchlaufenden Bauteilen wie Balkone, Vordächer etc. durch Bewegungsfuge trennen

- Zur Gewährleistung der Standsicherheit ist die äussere Schale im Deckenbereich der Tragkonstruktion pro Stockwerk zu verankern

- Mauerwerksanker sind ca. 15 bis 20 cm unterhalb der Betondecke zwischen Innen- und Aussenschale oder von der Deckenstirne in die äussere Schale mit einem horizontalen Abstand von 50 bis 100 cm zu verlegen (Anordnung durch Stahlbetoningenieur)

- Äussere Schale nicht in Dachdecke, sondern ca. 15–20 cm unterhalb der Decke verankern

- Zum Spannungsausgleich Ringanker in Lagerfuge der Mauerwerksanker einbauen

- Unter der Dachdecke Gleit- und/oder Verformungslager bei sämtlichen Tragwänden (Aussen- und Innenwänden) einbauen (siehe 6.1)

- Zweischalenmauerwerk während der Erstellung vor Durchfeuchtung speziell schützen

- Wetterexponiertes Fassadenmauerwerk möglichst bald nach Erstellung durch Zementanwurf vor Durchfeuchtung schützen

- Die Wahl der Putzart und des Putzsystems hat bereits in der Planungsphase zu erfolgen

- Entsprechend dem Untergrund ist der Putz zu wählen (Material, Schichtaufbau, Struktur)

- Material, Stärke und Oberflächenstruktur des Putzes ist vor allem bei der Detailplanung der verschiedenen Fugen zu berücksichtigen

- Beim Verputzen in kälterer Jahreszeit beachten, dass sich die äussere Schale stark auskühlen kann

- Vor dem Verputzen nicht nur Feuchtigkeitsgehalt an der äusseren Oberfläche, sondern im ganzen Schalenquerschnitt beurteilen

- Fugen periodisch durch Fachmann überprüfen lassen

2.5 Wärmebrücken und Kondensation bei Aussenbauteilen

Sachverhalt

- Dunkle Stellen und Flächen an Wänden und Decken (Bild 1)

- Ausscheidung von Oberflächenkondensat (Schwitzwasser) (Bild 2)

- Feuchte Konstruktion

- Tiefe Oberflächentemperaturen, besonders in zwei- und dreidimensionalen Aussenecken

- Starke Verfärbungen und Schimmelpilzbildungen (Bild 3–9)

- Übler Geruch, unbehagliches Raumklima

Schadenursache

- Intensive Ablagerung von Staubpartikeln durch Thermodiffusion an Stellen mit geringeren Oberflächentemperaturen (Bild 1)

- Wärmebrücken mit tiefer Oberflächentemperatur bei fehlender oder ungenügend breiter Deckenrandwärmedämmschicht, Mörtelbänder, ungenügend dimensionierter oder nicht lückenlos eingebauter Wärmedämmschicht (Bild 3, 4, 9)

- Durch Möbel, dichte Vorhangpakete etc., abgedeckte Aussenwandflächen, ungünstige Raumgeometrie oder fehlende bzw.

ungenügende Heizelemente wird der Temperaturverlauf in der Konstruktion, wie auch die Luftströmung, ungünstig beeinflusst und ergibt bei wärmetechnisch knapp bemessenen Aussenbauteilen tiefe Oberflächentemperaturen (Bild 6, 7, 8)

- Dampfdiffusionstechnisch falscher Schichtaufbau führt zur Ausscheidung von schädlichem Diffusionskondensat und Durchfeuchtung der Aussenbauteile

- Stark erhöhter Feuchtigkeitsgehalt der wärmedämmenden Schichten reduziert ihr Wärmedämmvermögen und bewirkt tiefe Oberflächentemperaturen

- Ausscheidung von Oberflächenkondensat an Stellen mit tiefer Oberflächentemperatur, da diese die Taupunkttemperatur der Raumluft unterschreitet

- Schimmelpilzbildung, Verfärbungen und übler Geruch als Folge der Feuchtstellen

- Feuchtigkeitsabgabe durch die feuchten Bauteile an die Raumluft ergibt eine zu hohe, relative Raumluftfeuchtigkeit mit höherer Taupunkttemperatur, die Schadenausmass und Intensität noch verstärkt

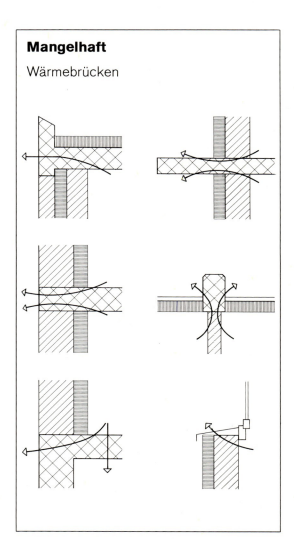

Mangelhaft

Wärmebrücken

Wärmebrücken und Kondensation bei Aussenbauteilen

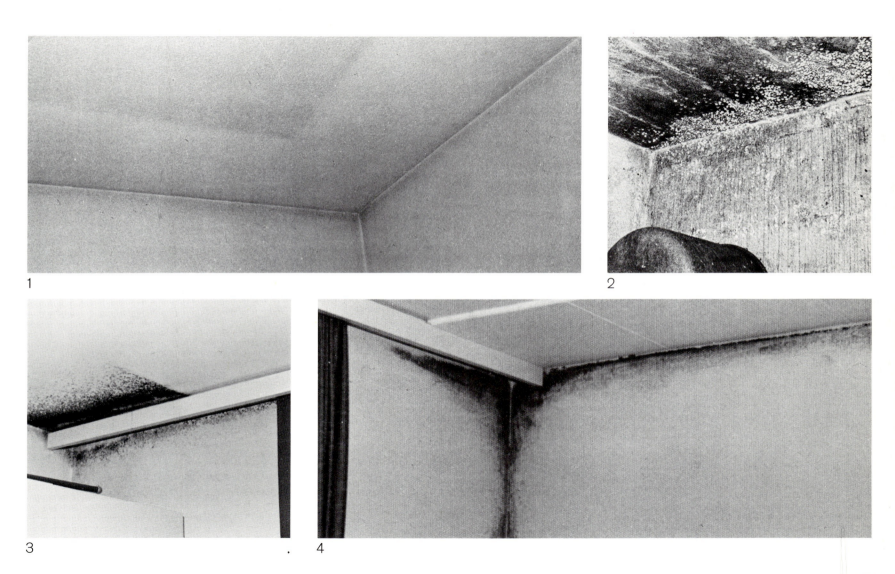

1

2

3   . 4

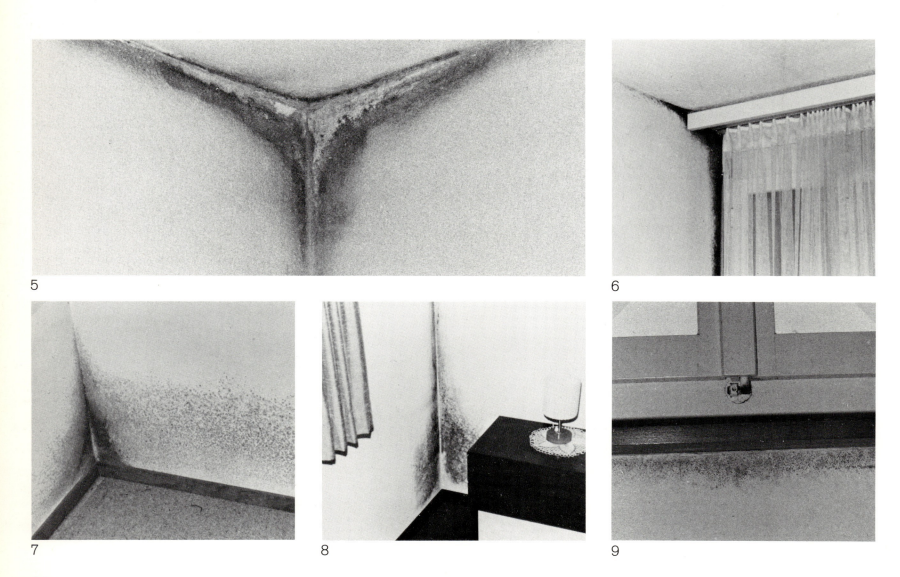

5

6

7

8

9

Schadenverhütung

– Ausarbeiten eines geeigneten Planungs- und Ausführungskonzeptes für die Lage und den Verlauf der Wärmedämmschicht und Dampfbremse bzw. Dampfsperre

– Wärmebrücken grundsätzlich vermeiden (siehe 2.1, 2.3, 2.4)

– Qualitativ hochwertige Wärmedämm-Materialien verwenden

– Wärmedämmschichtstärke für erhöhten Wärmeschutz dimensionieren (d ~ 8 cm), dadurch werden Anforderungen, wie bauliche Energiesparmassnahmen, Vermeidung von Oberflächenkondensat mit nachfolgenden Verfärbungen und Schimmelpilzbildungen, behagliches Raumklima, keine nachteiligen Folgen beim Aufstellen von Möbeln vor Aussenwandflächen, erfüllt

– Bei der Konstruktionswahl und der Planung des Schichtaufbaus diffusionstechnische Gesetzmässigkeiten berücksichtigen, Kondensations- und Austrocknungsmengen berechnen

– Einbau einer Dampfbremse oder Dampfsperre je nach klimatischen Bedingungen, Konstruktionsaufbau und Materialart

– Durchfeuchtung von Baustoffen und Bauteilen während Arbeitsausführung vermeiden

– Auf zweckdienliches Beheizen und richtiges Lüften von Räumen achten (täglich mehrmals, kurz und intensiv)

– Ausgekühlte, nicht dauernd beheizte Räume dürfen nicht durch Zufuhr von warmer, relativ feuchter Luft aus der Wohnzone erwärmt werden

– Deckenrandstreifen genügend breit dimensionieren, evtl. nach innen abnehmende Schichtstärke wählen

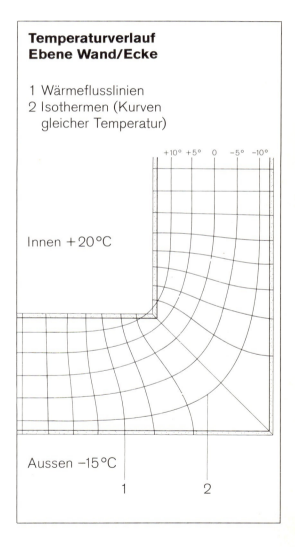

Temperaturverlauf Ebene Wand/Ecke

1 Wärmeflusslinien
2 Isothermen (Kurven gleicher Temperatur)

+10° +5° 0 −5° −10°

Innen +20°C

Aussen −15°C

1   2

3.1 Flachdächer mit bituminöser Dachhaut

Sachverhalt

– Warmdach mit bituminöser Dachhaut

– Undichtigkeiten infolge planerischer und ausführungstechnischer Mängel

– Durchnässte Dachkonstruktion (Bild 1)

– Durchfeuchtung und Verfärbung an Wänden und Decken in Räumen unterhalb des Flachdaches

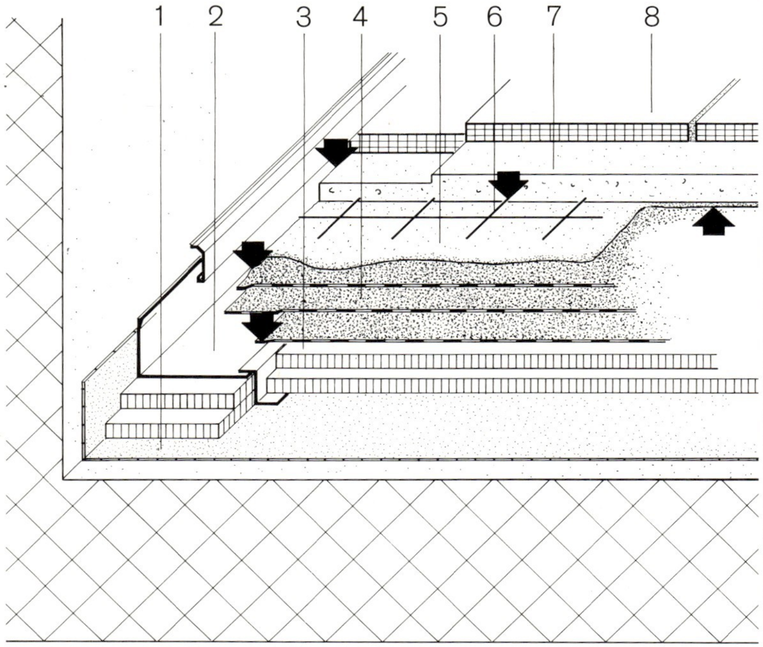

Schadenursache

– Undichtigkeiten in der Dachhaut

– Trenn- und Gleitschicht zwischen armiertem Schutzmörtel und Dachhaut fehlt teilweise (1 cm Sand ist ungenügend), (Bild 2, 7, 8)

– Fugen im Plattenbelag und Schutzmörtel entlang der aufgehenden Bauteile fehlen (Bild 3)

– Armierungsnetz des Schutzmörtels liegt teilweise auf der Dachhaut (Bild 7 + 8)

– Heissbitumenüberstrich fehlt (Bild 6)

– Stösse mangelhaft verschweisst (Bild 6)

– Versprödung als Folge der fehlenden Schutzschicht (Bild 1)

– Keine richtig gestaffelte Verklebung der bituminösen Dichtungsbahnen mit den Winkelblechen, teilweise abgelöst (Bild 9)

– Ungenügendes Gefälle (< 1%)

– Falscher Aufbau der Dachhaut (von oben nach unten F60 + V60 + J2)

– Durch thermisch bedingte Bewegungen der wärmedämmenden Dachplatten entstehen Wulste und Anrisse; Kondensatausscheidung über Fugen, Verrottung der Dachhaut (Bild 4)

– Blasenbildung im durchfeuchteten Bereich infolge Dampfdruckerhöhung bei Sonneneinstrahlung (Bild 5)

Mangelhaft

1 Dampfbremse
2 Winkelblech
3 Wärmedämmschicht
4 Dachhaut
5 Trenn- und Gleitschicht
6 Armierungsnetz
7 Verlegemörtel
8 Plattenbelag

1

2

3

4

5

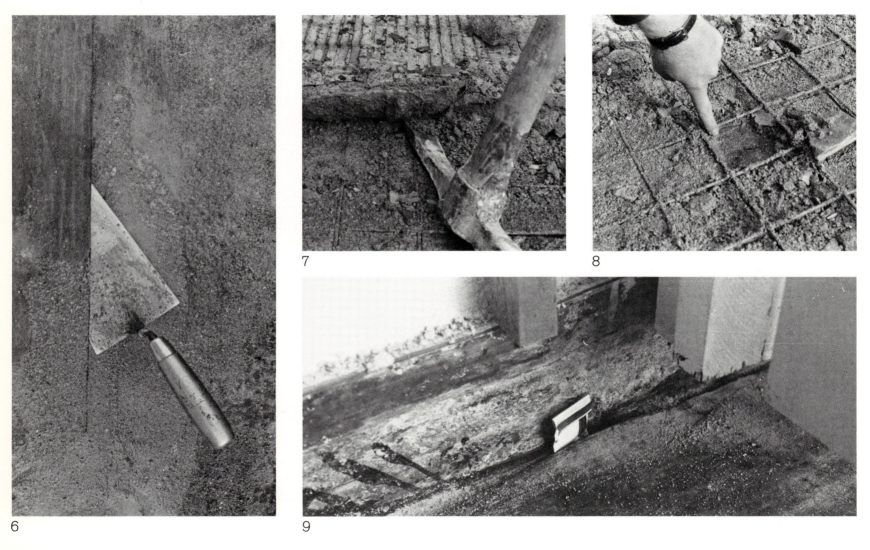

6

7

8

9

Schadenverhütung

– Schutz- und Gleitschicht zwischen armiertem Verlegemörtel und Dachhaut einbauen z. B. Schutzplatte und PE-Folie

– Armierungsnetze in der oberen Hälfte der Schutz- und Tragschicht verlegen

– Dachhaut muss ganzflächig und dauerhaft mit Schutzschicht abgedeckt sein

– Aufbau der 3-lagigen Dachhaut richtet sich nach dem Untergrund und der voraussichtlichen Beanspruchung, z. B. begeh- und befahrbar von oben nach unten: J2, J2, V60; nicht begehbar F3, J2, V60, 2 Zwischen- und 1 Überstrich mit Bitumenheissklebemasse

– Bei begeh- und befahrbaren Flachdachbelägen ist die oberste Lage als Armierungsbahn mit einer Zugfestigkeit von über 0,5 kN/0,05 m vorzusehen, z. B. Bitumendichtungsbahn mit Jutegewebeeinlage

– Vollflächiges Verkleben der Bitumendichtungsbahnen, Stossüberlappungen min. 0,10 m

– Bei Anschlüssen muss die Breite der Klebeflächen min. 0,12 m betragen, Blechfläche zweckmässig vorbehandeln

– Für die Zwischenstriche min. 1,1 kg/m², für den Deckstrich 1,4 kg/m² Bitumen verwenden

– Bitumenanstriche in einheitlicher Dicke und vollflächig ausführen

– Einbau einer Trennschicht zwischen Dachhaut und wärmedämmenden Dachplatten; unterste Lage V60, min. 1 Lage Armierungsbahn in Dachhaut einbauen

– Ebene der Dachhaut muss min. 1,5% Gefälle aufweisen

– Dampfbremse/-sperre muss lückenlos ausgeführt, bei Stössen min. 0,10 m überlappt und verklebt, bzw. verschweisst werden, Aufbordungen hochziehen, Dampfdurchlasswiderstand d/λ_D je nach Unterkonstruktion und klimatischen Bedingungen dimensionieren

Richtig

1 Gefällsschicht
2 Dampfbremse/Dampfsperre
3 Wärmedämmschicht
4 Dachhaut
5 Schutzschicht
6 Gleitschicht/Trennschicht
7 Verlegemörtel armiert
8 Schutzmörtel
9 Plattenlager
10 Plattenbelag
11 Unterlagspappe

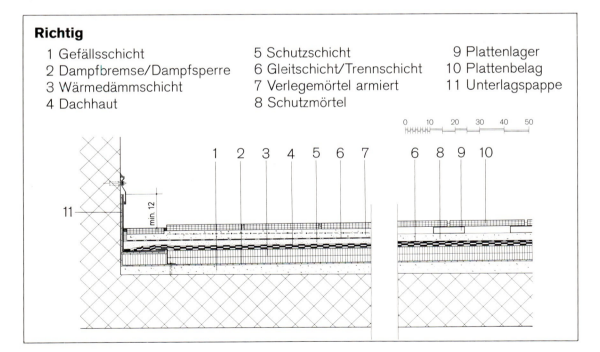

3.2 Zementüberzüge als Schutz- und Nutzschichten

Sachverhalt

– Begehbares Flachdach mit Zementüberzug als an Ort erstellter Zementplattenbelag, direkt auf Sandschicht

– Risse und Ausbrüche in den Feldern und
bei Reparaturstellen (Bild 3, 5)

– Kalkausscheidung und Ablagerung an der
Oberfläche (Bild 1, 7)

– Verstopfte Dachwasserabläufe

– Dünnschichtige Ablösung der Oberfläche
des Zementüberzuges (Bild 2, 4, 6)

– Ausbrüche entlang der Fugen (Bild 2, 4)

– Störende Schallübertragung in darunter-
liegende Räume beim Begehen des Ze-
mentplattenbelages

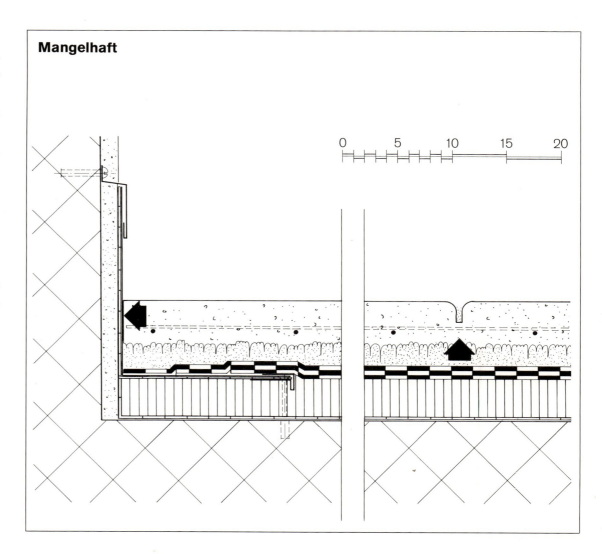

Mangelhaft

0   5   10   15   20

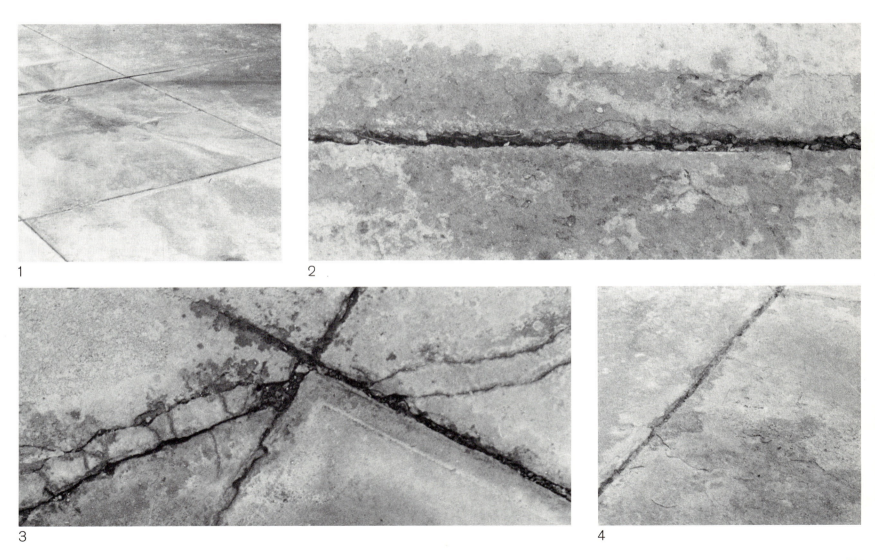

1

2

3

4

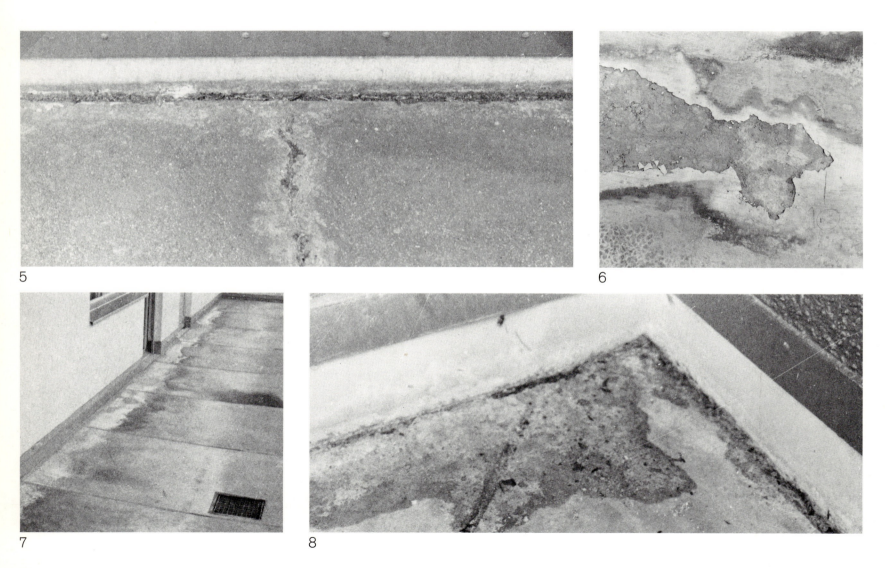

5

6

7

8

Schadenursache

– Trennschicht zwischen Zementüberzug und Sandschicht fehlt

– Ungenügende Gefälle an der Oberfläche und kein Gefälle in der Ebene der Dachhaut

– Regenwasser laugt Calciumhydroxid Ca $(OH)_2$ aus dem Zementüberzug aus, welches sich in Verbindung mit Kohlendioxid CO_2 aus der Luft als schwerlösliches Calciumcarbonat Ca CO_3 (Kalkstein) sowohl auf dem Gehbelag als auch in den Ablaufleitungen ablagert (Bild 1, 7)

– Die Kalksteinbildung wird durch den sehr porösen Zementüberzug mit einem Raumgewicht von nur 1,6 kg/dm^3 stark begünstigt (Bild 2, 3)

– Durch die in der Dachdecke mit leichtem Gefälle geführte Dachwasserleitung wird die Kalksteinablagerung gefördert

– Zwischen Winkelblech bzw. aufgehenden Bauteilen und Zementüberzug fehlt eine weiche Trennschicht als Randstellstreifen (Bild 5, 8)

– Fugen im Zementüberzug sind nicht durchgehend ausgebildet und nicht verfugt (Bild 2, 3, 4, 8)

– Frostabsprengungen am Zementüberzug entlang nicht verfüllter Fugen (Bild 2, 4)

– Frosteinwirkung auf frischen Zementüberzug (Bild 2, 4)

– Unter Witterungseinflüssen löst sich dünne, spröde Zementsinterschicht an der Oberfläche des Überzuges (Bild 6)

– Da die Randfuge fehlt und keine spezielle Trittschalldämmschicht eingebaut ist, weist die Konstruktion einen Trittschall-Isolationsindex I_i von 67 dB auf, daher störende Trittschallübertragungen

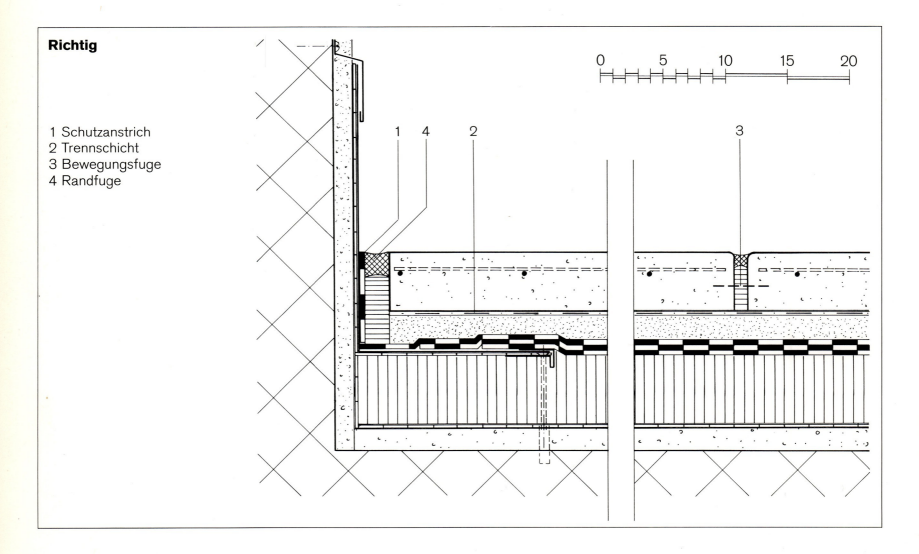

Richtig

1 Schutzanstrich
2 Trennschicht
3 Bewegungsfuge
4 Randfuge

Schadenverhütung

– Gefälle von min. 1,5% bereits in Unterkonstruktion ausbilden, damit Dachhaut als Entwässerungsebene im Gefälle verläuft

– Auf Sandunterlage Trennschicht einbauen z. B. PE- oder PVC-Folie $\geqq$ 0,2 mm

– Erstellen eines hochwertigen Zementüberzuges, das heisst möglichst niedriger Wasserzementwert, geeignete Kornabstufung und gute Verdichtbarkeit des Mörtels

– Beigabe von Trass (ca. 20% des PC-Gehaltes) in die Mörtelmischung zur Verminderung der Kalkausscheidungen

– Anstelle von Zementüberzügen vorfabrizierte, dichte, abgelagerte Zementplatten oder Zementformsteine verwenden

– Zementüberzug von aufgehenden Bauteilen mit weichen Randstellstreifen (min. 20 mm) trennen

– Fläche durch Fugenausbildung in max. 6 m² grosse Felder aufteilen, verdübeln

– Feld- und Randfugen plastisch verfugen

– Dachwasserleitungen ohne Etagen vom Ablauf senkrecht nach unten führen und unvermeidbare, horizontale Partien zugänglich ausbilden

– Einbau von Entwässerungsrinnen, die gut gereinigt werden können

– Dachwasserabläufe und Leitungen periodisch kontrollieren und reinigen

– Im Bereich der Abläufe anstelle des Zementüberzuges Geröllschicht einbauen, damit Kalkausscheidung bereits hier erfolgen kann

– Schutzschichten durch Flachdachunternehmer oder in seinem Auftrag und unter seiner Aufsicht durch Spezialfirma ausführen

– Vor dem Aufbringen einer speziellen Nutzschicht z. B. Plattenbelag, durch andere Unternehmer, muss durch den Flachdachunternehmer oder seinen Beauftragten eine den Anforderungen entsprechende Schutzschicht erstellt werden

– Anforderungen bezüglich Trittschalldämmung abklären, eventuell zusätzlich spezielle Trittschalldämmschicht aus geeigneten Faserdämmstoffplatten einbauen

3.3 Schwellen bei begehbaren Dächern

Sachverhalt

- Begehbares Flachdach mit Anschluss an Fenstertürfront

- Dachhaut aus Kunststoffdichtungsbahnen, Zementplatten in Sand verlegt als Schutz- und Nutzschicht

- Wasser dringt in die Bodenüberkonstruktion der Wohnräume ein und führt zu Verfärbungen im Natursteinbelag (Bild 1)

- Durchnässte Wärmedämmschicht und Rahmenhölzer (Bild 1, 2)

Schadenursache

- Undichte Stellen in der Dachhaut bei unsorgfältig ausgebildeten Aufbordungen in den Ecken (Bild 3, 4)

- Ungenügend hochgeführte Aufbordung der Dachdichtungsbahn, die bereits unterhalb ok Plattenbelag endet (Bild 4, 5)

- Keine Abdichtung am oberen Ende der Aufbordung (Bild 4)

- Keine Schwellenausbildung (Bild 3, 5, 6, 7)

- Kein Gefälle in der Ebene der Dachhaut

- Zu geringes Gefälle von ca. 0,5% an der Oberfläche

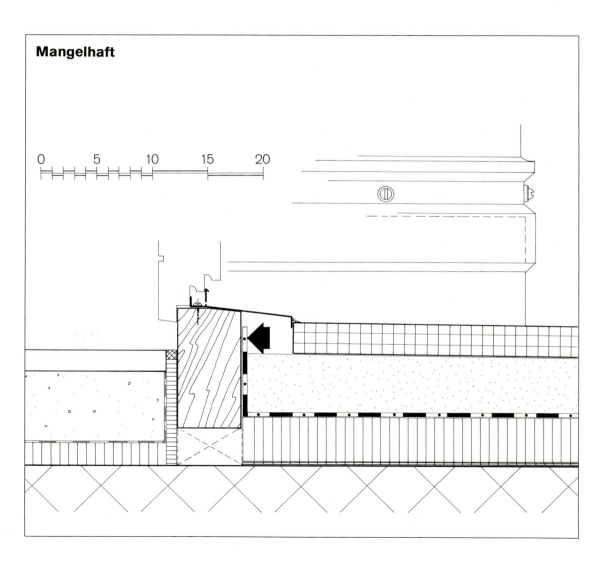

Mangelhaft

0   5   10   15   20

Schwellen bei begehbaren Dächern

1

3

2

4

5

6

7

Schadenverhütung

– Schwellenausbildung so planen, dass Aufbordung bzw. Winkelblech mindestens 5 cm höher geführt werden können als der Plattenbelag

– Der obere Abschluss der Aufbordungen, Winkelbleche etc. muss über den im ungünstigsten Fall zu erwartenden Wasserstand geführt werden

– Aufbordung der Kunststoffdichtungsbahn am oberen Ende dicht abschliessen

– Anwendung des verstellbaren, vorfabrizierten Schwellenprofiles ermöglicht optimale, von der Montage der Fenster unabhängige Ausbildung des Anschlusses

– Wenn aussen entsprechend hohe Schwelle aus Nutzungsgründen nicht möglich (Rollstuhlverkehr o. ä.), Türe durch die bauliche Konzeption vor Schlagregen schützen

– Belag bei erwähnten, schwellenlosen Türen mit starkem Gefälle nach aussen ausbilden, möglichst auf Plattenlagern verlegen und Entwässerung optimieren

– Gefälle nie gegen Gebäude bzw. Schwellen richten

– Gefälle in der Ebene der Dachhaut $\geq 1{,}5\%$, an der Oberfläche je nach Belag z. B. bei grobbearbeiteten Natursteinplatten $\geq 3\%$

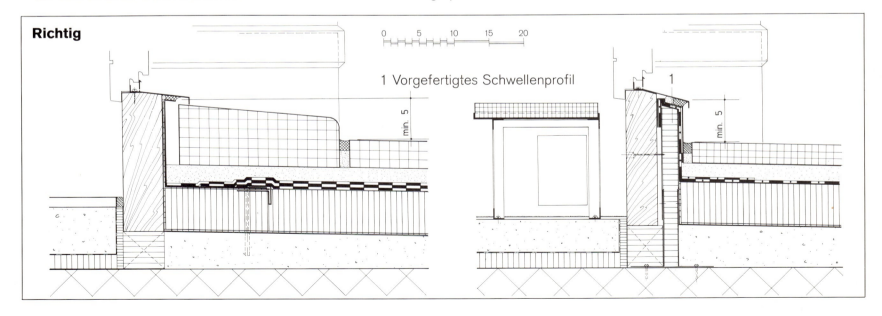

Richtig

1 Vorgefertigtes Schwellenprofil

3.4 Dachwasserabläufe

Sachverhalt

- Begehbares Flachdach mit innerer Entwässerung, z.T. horizontal geführt

- Schutz- und Nutzschicht aus an Ort erstelltem Zementplattenbelag (Bild 1)

- Feuchte Wand- und Deckenflächen in angrenzenden Räumen

- Durchnässte Wärmedämmschicht

- Dunkle Streifen an der Deckenuntersicht

Schadenursache

- Rückstau im Dachwasserrohr verursacht durch Mörtelrückstände aus der Bauphase, Kalk- und Schmutzablagerungen

- Anschluss Dachwassereinlauf an Dachwasserrohr ist nicht rückstaudicht, bei Stauprobe tritt in die Dachkonstruktion Wasser aus (Bild 2)

- Dachhaut aus Kunststoffdichtungsbahnen ist nicht an Einlauftablett angeschlossen (Bild 7)

- Das in der Betondecke einbetonierte Gussrohr mit Glockenmuffe ist für den Anschluss eines Dachwassereinlaufes ungeeignet (Bild 3, 4)

- Sehr mangelhafte Verkittung zwischen Einlaufstutzen und Muffe (Bild 4, 5, 6)

- Rückstau wird durch die Deformation des Einlaufstutzens, das Fehlen des konischen Einlauftrichters und einem Rohrdurchmesser von nur 80 mm verstärkt (Bild 5, 6)

- Dachwasserrohr ist nicht wärmegedämmt, bildet Wärmebrücke und bewirkt die Ausscheidung von Oberflächenkondensat, dunkle Verfärbungen und Pilzbefall

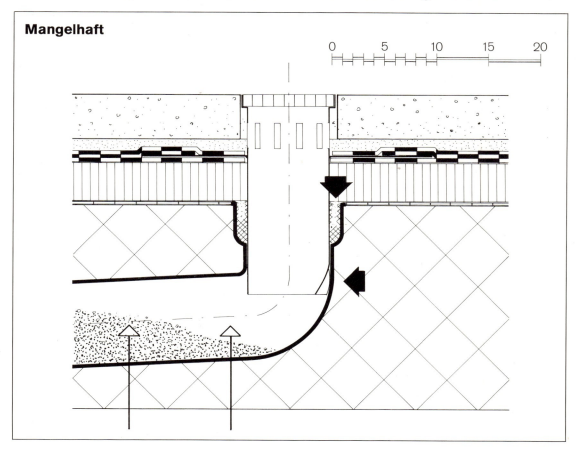

Mangelhaft

0   5   10   15   20

60

Dachwasserabläufe

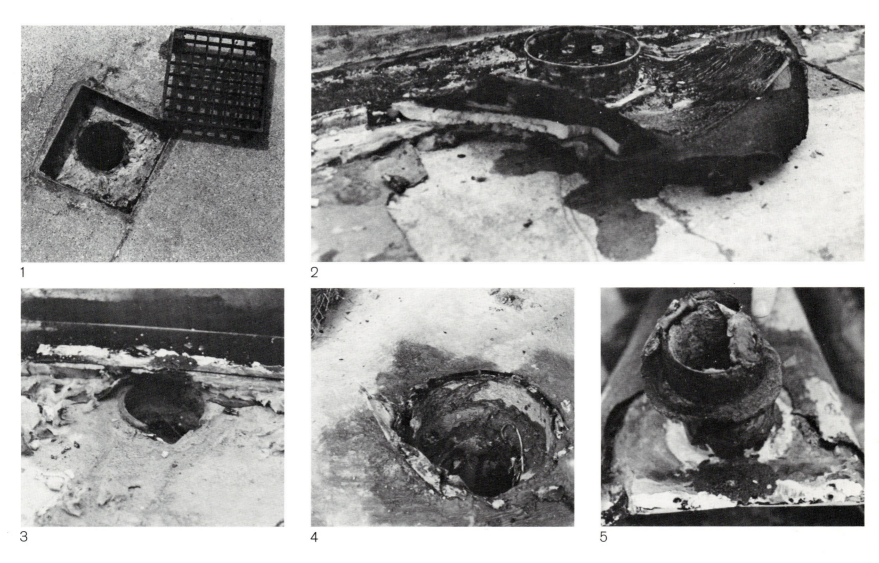

1

2

3

4

5

6

7

Schadenverhütung

– Geeignetes, rückstausicheres Verbindungssystem zwischen Dachwasserrohr und Dachwassereinlauf verwenden, z. B. mit Rollring

– Koordination zwischen Sanitärinstallationen und Spenglerarbeiten in Planung und Ausführung

– Spengler darf auf keinen Fall Dachwassereinlauf an ungeeignetes Dachwasserrohr anschliessen, Rohr freispitzen, abtrennen und passendes Rohrstück ansetzen

– Dachwasserleitungen mit Rohrdurchmesser ≧ 100 mm einbauen, horizontale Leitungsführung vermeiden

– Kalkablagerungen siehe 3.2

– Anzahl und Dimensionierung der Dachwasserabläufe nach Vorschrift SAAI

– Notüberläufe so einbauen, dass sie tiefer liegen als der tiefste, gegen das Eindringen von Wasser ungesicherte Abschluss

– Nach Bauvollendung Abläufe und Leitungen reinigen und periodisch Reinigung wiederholen

– Dachwasserleitungen mit Wärmedämmstoff-Schalen und Dampfsperre versehen

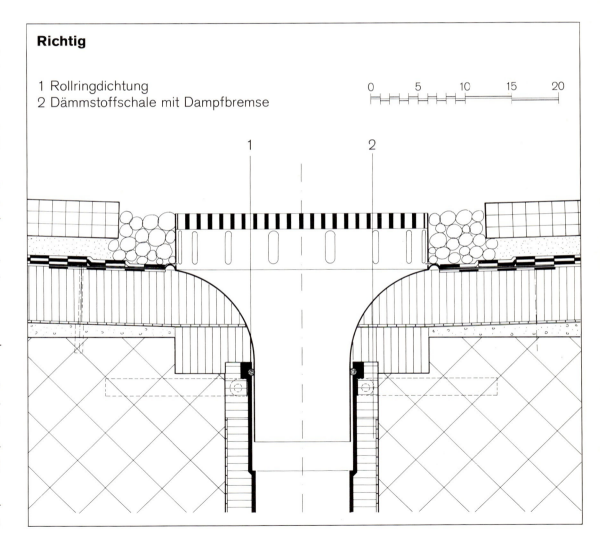

Richtig

1 Rollringdichtung
2 Dämmstoffschale mit Dampfbremse

3.5 Spenglerarbeiten

Sachverhalt

– Räume unter oder angrenzend an Flach-
dächer mit schwachen bis starken Durchfeuchtungen und Verfärbungen an der
Decke und im deckennahen Wandbereich
(Bild 1, 2)

– Durchnässte Flachdachüberkonstruktion

– Korrodierte Bleche

Schadenursache

– Undichte Anschlüsse des Winkelbleches
bzw. der Kunststoffdachhaut an die Fen-
sterelemente (Bild 3, 4)

– Winkelbleche aus verzinktem Stahlblech
mit Korrosionsschäden, da im Kontaktbereich mit Zementüberzügen und Zement-
plattenbelägen keine Massnahmen zum
Schutz vor Korrosion getroffen wurden
(Bild 5, 6)

– Hinterwanderung der Dachhaut- und
Blechabschlüsse, Anschlussbauteile sind
undicht, feine Risse in Sichtbetonbrü-
stung ohne Kronenabdeckung (Bild 7, 11,
12, 13)

– Verletzte Aufbordungen der Dachhaut
aus Kunststoff durch Netzarmierung der
Schutz- und Nutzschicht, Abdeckung der
Aufbordung als Schutz vor mechanischen
Einwirkungen erst später angebracht und
nur bis ok Schutz- und Nutzschicht geführt (Bild 8)

– Fehlender Putzstreifen beim Anschluss
des Winkelbleches an verputztes Mauerwerk (Bild 9)

– Wasserlagerung auf mangelhaft ausgebildeten Fugen zwischen Deckstreifen
und Mauerwerk

– Korrodierte Dachrandabdeckung aus verzinktem Stahlblech als Folge einer man-
gelhaften Zinkschicht (Bild 10)

Spenglerarbeiten

1

2

3

4

5

6

7

8

9

10

11

12

13

Schadenverhütung

– Im Kontaktbereich von zementgebundenen, nassen Bauteilen korrosionsbeständige Werkstoffe, z. B. Chrom-Nickel-Stahl 18/8, einsetzen oder spezielle Schutzanstriche auftragen

– Bei begehbaren Dächern Dachhaut und Aufbordungen nach dem Verlegen sofort ganzflächig gegen mechanische Verletzungen schützen

– Spenglerarbeiten und Schutzschichten entweder durch Ersteller der Flachdacharbeiten oder in dessen Auftrag und unter seiner Überwachung ausführen lassen

– Fugen bei Deckstreifen so ausbilden, dass sich darauf kein stehendes Wasser ansammeln kann

– Brüstungen aus Beton mit Kronenabdeckung versehen

– Spenglerarbeiten periodisch durch Fachmann kontrollieren lassen

– Bei extremer Rauchgasbeanspruchung, z. B. Kaminabdeckungen, Bleche aus Speziallegierungen verwenden

3.6 Bepflanzte Dächer und Pflanzentröge

Sachverhalt

- Bepflanzte Dächer und Pflanzentröge mit Wasserisolationen aus Blech, Bitumen- bzw. Kunststoffdichtungsbahnen

- Feuchtstellen an Wänden und Decken in angrenzenden oder darunter liegenden Räumen

- Durchnässte Wärmedämmschichten

- Verschmutzung des angrenzenden Belages durch Erdmaterial (Bild 6)

Schadenursache

- Mechanische Beschädigung der Dachhaut ohne genügende Schutzschicht durch eingeschlagenen Holzpfahl (Bild 1, 2)

- Kältebrücken beim inneren Abschluss der bepflanzten Fläche führt zu Oberflächenkondensat und Verfärbungen

- Mechanische Beschädigung durch Gartengerät, taugliche Schutzschicht fehlt (Bild 3)

- Wasser dringt unter die Dachhaut, da diese auf Betonbrüstung hochgezogen und nur mit einem Plattenbelag, d. h. nicht wasserdicht, abgedeckt ist

- Unterwanderung des Winkelbleches, da Humus über ok Winkelblech aufgefüllt ist

- Wasser kann in dem mit ungeeignetem, sehr schlecht durchlässigem Erdmaterial gefüllten Pflanzentrog ohne Sicker- und Filterschicht nicht ablaufen, staut sich auf und unterwandert die Wasserisolation aus Kunststoffdichtungsbahnen (Bild 4)

- Die ungeschützten, vertikalen Flächen der Wasserisolation aus Kunststoffdichtungsbahnen sind stellenweise nicht bis auf die Höhe der Humusauffüllung geführt (Bild 5)

- Keine funktionstüchtige Filterschicht, durch Sickerwasser werden feine Bestandteile des Erdmaterials ausgeschwemmt und auf dem begehbaren Dach abgelagert (Bild 6)

Schadenverhütung

- Dachhaut vor dem Aufbringen von Sicker- und Erdmaterial mit einer Schutzschicht versehen

- Insbesondere auch alle Aufbordungen mit einer Schutzschicht abdecken

- Als Schutzschichten eignen sich Schutzmörtel (Kalkausscheidungen, siehe 3.2) von mindestens 3 cm Stärke, Kunststoffmörtel, Bautenschutzplatten aus PVC, Polyurethan, Gummischnitzel, Asbestzement

- Schutzschicht nach dem Verlegen der Dachhaut sofort aufbringen

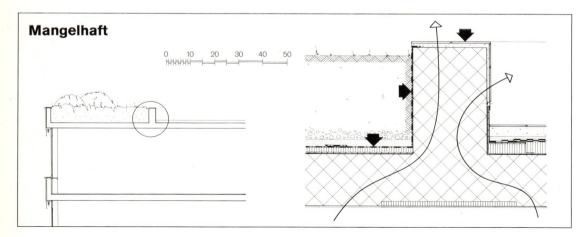

Mangelhaft

0 10 20 30 40 50

1

2

3

4

5

6

– Bei Dachhaut aus bitumen- oder kunststoffmodifizierten Bitumendichtungsbahnen zwischen dieser und dem Schutzmörtel Trennschicht einbauen, z. B. Kunststoffvlies

– Gärtner hat sich vor Arbeitsbeginn zu vergewissern, ob geeignete Schutzschicht vorhanden ist, wenn nicht, so darf er keine Arbeiten ausführen

– Mit dem Erstellen der Schutzschicht ist das Flachdach fertiggestellt und durch die Bauleitung abzunehmen, Protokoll erstellen

– Innere Begrenzungen von bepflanzten Flächen nicht mit Betonbrüstungen ausführen, die Wärmebrücken bilden

– Abgrenzungen der bepflanzten Flächen mit aufgesetzten Elementen ausbilden, damit Schutzschicht, Dachhaut, Wärmedämmschicht und Dampfbremse nicht unterbrochen werden

– Dampfsperren mit einem Dampfdurchlasswiderstand $d/\lambda_D \geqq 270$ m²h Pa/mg (2000 m²hTorr/g) einbauen, um das Diffusionskondensat zu reduzieren, da Austrocknung nach aussen und innen sehr erschwert ist

– Je nach Art der Dachhaut Wurzelschutzfolie einbauen, wurzelwuchshemmende Dichtungsbahnen und Überstriche verwenden

– Dachwasserabläufe nie mit Humus überdecken, Sicherheitsüberläufe einbauen

– Bei Pflanzentrögen mit Entwässerung über Durchlässe Halbschalen mit Sickerlöcher einbauen

– Filtermatte entlang den Randabschlüssen hochführen, damit Sickerschicht und angrenzende Beläge nicht durch feine Bestandteile des Erdmaterials verschmutzt werden

– Humusschicht nur bis 10 cm unterhalb ok Aufbordung einbringen

– Gefälle und Wasserhaltung entsprechend dem Bepflanzungssystem wählen

– Keine Pflanzen mit extremem Wurzelwuchs setzen wie Schilf, Sanddorn

– Grosse Flächen, Wasserisolation abschotten

Richtig

1 Schutzplatte
2 Filtermatte
3 Drainage-Schicht
4 Schutzmörtel
5 Dachhaut

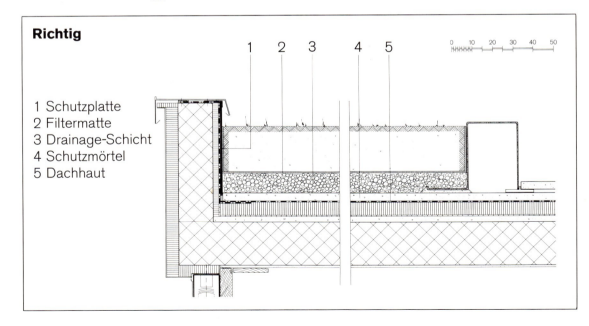

4.1 Kaltdach

Sachverhalt

- Pult-Kaltdach über bewohnten Räumen mit Platten aus Wellasbestzement eingedeckt, Dachneigung 20°, Dachlänge 5–7 Meter, Unterdach aus Hartfaserplatten, Wärmedämmschicht aus Glasfaserbaufilz 100 mm mit Alu-Dampfsperre

- Im Winter tropfenweise Wasseraustritte und aufgequollene Spanplatten-Aufdoppelungen bei den Fenstertüren im Traufbereich

Schadenursache

- Ungenügende Überdeckung der Wellasbestzementplatten führt zu periodischen Wassereintritten auf das Unterdach aus Hartfaserplatten (Bild 1)

- Beim oberen Pultabschluss fehlen die Entlüftungsöffnungen des Hohlraumes zwischen Dacheindeckung und Unterdach

- Das periodisch feuchte Unterdach kann nicht nach aussen abtrocknen, weil die Entlüftungsöffnung des Hohlraumes zwischen Unterdach und Wellasbestzementplatten fehlt

- Unter Sonneneinstrahlung wird die Luft im Hohlraum zwischen Wellasbestzement-platten und Unterdach stark erwärmt, durch das Verdunsten der vorhandenen Feuchtigkeit stellt sich ein hoher, relativer Feuchtigkeitsgehalt ein und Feuchtigkeit wird in den darunterliegenden Hohlraum zwischen Wärmedämmschicht und Unterdach verlagert

- Die warme, relativ feuchte Luft in den Hohlräumen scheidet beim Absinken der Temperatur Kondenswasser aus (Bild 2)

- Nicht luftdicht montierte Dampfsperre lässt warme Raumluft in die geschlossene Kaltzone zwischen Wärmedämmschicht und Unterdach gelangen, was im Winter zu Kondensatausscheidungen führt (Bild 7, 8)

- An der Unterseite des Unterdaches ablaufendes Kondensat tritt z. T. bei den Plattenstössen auf die Oberseite aus, der Rest läuft an der Unterseite bis zum Traufbereich, verursacht die Feuchtigkeitsschäden an den Fenstern und tropft in den Raum ab (Bild 3, 4)

- Die warme, feuchte Luft im abgeschlossenen Hohlraum unter dem Unterdach löst den Pilzbefall an Sparren und Unterdach aus (Bild 5, 6)

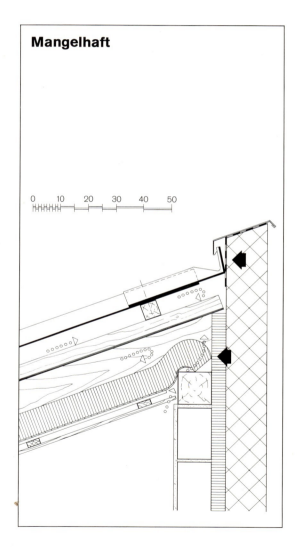

Mangelhaft

0 10 20 30 40 50

Schadenverhütung

– Dachhaut muss so dicht sein, dass nur in Ausnahmefällen Wasser durchdringt und auf das Unterdach gelangt

– Das Mass der Überdeckung der Horizontalstösse bei Wellasbestzementplatten ist entsprechend der Dachneigung zu wählen, hat im Minimum aber 20 cm zu betragen, Montageanleitung beachten

– Der Hohlraum zwischen Dacheindeckung und Unterdach muss genügend be- und entlüftet sein

– Grundsätzlich ist der Luftraum zwischen Unterdach und Wärmedämmschicht als Belüftungsraum auszubilden, d. h. das Unterdach ist zu unterlüften

– Durch die Unterlüftung soll anfallender Wasserdampf und allenfalls von aussen eingedrungene Feuchtigkeit abgeführt und Sekundärkondensat vermieden werden

– Der freie Querschnitt des Belüftungsraumes ist in Abhängigkeit der Lage des Gebäudes, den Wind- und Klimaverhältnissen, des Bedachungsmateriales, der Dachneigung, der Ortlänge, der anfallenden Wasserdampfmenge aus Innenräumen etc. zu dimensionieren

– Ist auf der Raumseite der Wärmedämmschicht eine ganzflächige, luftdicht angebrachte Dampfsperre vorhanden und das Unterdach sehr dampfdurchlässig, so ist eine Unterlüftung des Unterdaches aus diffusionstechnischen Gründen nicht unbedingt erforderlich, jedoch zu empfehlen

– Beim Konzept ohne Unterlüftung des Unterdaches ist zu beachten, dass dieses trocken sein muss, bevor raumseitig Wärmedämmschicht und Dampfsperre angebracht werden, um Feuchtigkeitsverlagerungen in die Wärmedämmschicht und deren Folgen zu vermeiden

– Damit keine warme Raumluft in die kalte Zone der Dachkonstruktion oder nach aussen entweicht und keine kalte Aussenluft in das Gebäude eindringen kann, ist raumseitig eine luftdichte Schicht einzubauen, die zugleich auch Dampfbremse/-sperre sein kann, auch Anschlüsse an angrenzende Bauteile luftdicht ausbilden

Richtig

1 Unterer Belüftungsraum
2 Unterdach
3 Oberer Belüftungsraum
4 Wellasbestzementplatten
5 Entlüftungsöffnung
6 Fliegengitter
7 Wärmedämmschicht
8 Dampfbremse/Luftdichtigkeitsschicht

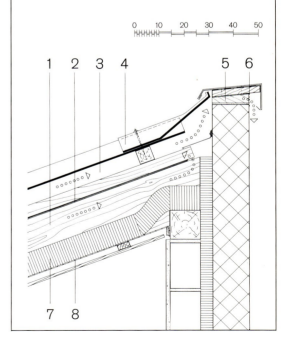

1

2

3

4

5

6

7

8

4.2 Warmdach mit Profilblechen

Sachverhalt

– Der vorliegende Dachkonstruktionsaufbau kann weder als Kaltdach (konsequent durchlüfteter Hohlraum fehlt) noch als Warmdach (Lufthohlraum über Wärmedämmschicht ist gegen Aussenluft nicht luftdicht abgeschlossen) bezeichnet werden, die Einstufung dieser Zwischenlösung ist eher als «Warmdach» gerechtfertigt

– Flachgeneigte «Warmdachkonstruktion» mit Profilblechen auf Tragkonstruktion aufliegend über normal beheizten Räumen, Auflage von Distanzlatten mit dazwischenliegender Wärmedämmschicht bis Dachhaut geführt, Dachhaut aus Profilblech auf unteres Profilblech bzw. Tragkonstruktion montiert

– Dachneigung 5°

– Bildung von Eisbarrieren und Rückstauwasser bei tieferen Aussenlufttemperaturen (Bild 1, 2, 3)

– Standwasser in Dachwasserrinne (Bild 4)

– Wasseransammlung auf Wärmedämmschicht (Bild 5)

– Tropfwasser aus abgehängter, flacher Lochdecke, welche unter «Warmdachkonstruktion» eingebaut ist (Bild 6)

Schadenursache

– Luftundichtigkeiten bei Stössen der unteren Profilbleche, einströmende Raumluft kondensiert in Wärmedämmschicht und an Untersicht der Dachhaut aus Profilblech, teilweise Bildung von Wasserlachen auf Wärmedämmschicht (Bild 5)

– Ungenügende Wärmedämmschichtstärke und Luftundichtigkeit führt zu erhöhtem Wärmeverlust, Schnee schmilzt ab

– Zur Rinne ablaufendes Schmelzwasser gefriert in der Kaltzone, was zur Bildung von Eisbarrieren führt (Bild 1, 2, 3)

– Oberhalb Eisbarrieren staut sich abfliessendes Wasser auf und dringt bei nicht oder mangelhaft abgedichteten Längsüberlappungen und Befestigungsschrauben ins Konstruktions- bzw. Rauminnere ein (Bild 1)

– Feuchtigkeitsschäden an Decke, Wänden und Boden in verschiedenen Räumen durch das eindringende Wasser (Bild 6)

Warmdach mit Profilblechen

1

2

3

4

5

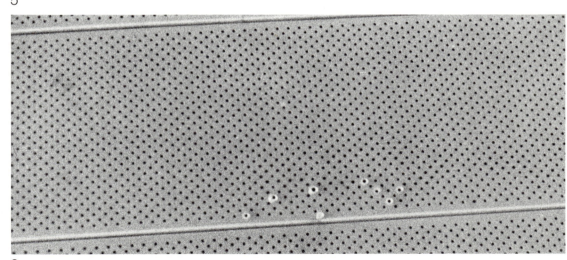

6

Mangelhaft

1 Warmzone
2 Kaltzone
3 Unteres Profilblech (Tragblech)

Richtig   Warmdach auf Profilblech

1 Profilblech
2 Montagehilfe
3 Dampfbremse/-sperre
  Luftdichtigkeitsschicht
4 Wärmedämmschicht
5 Dachhaut

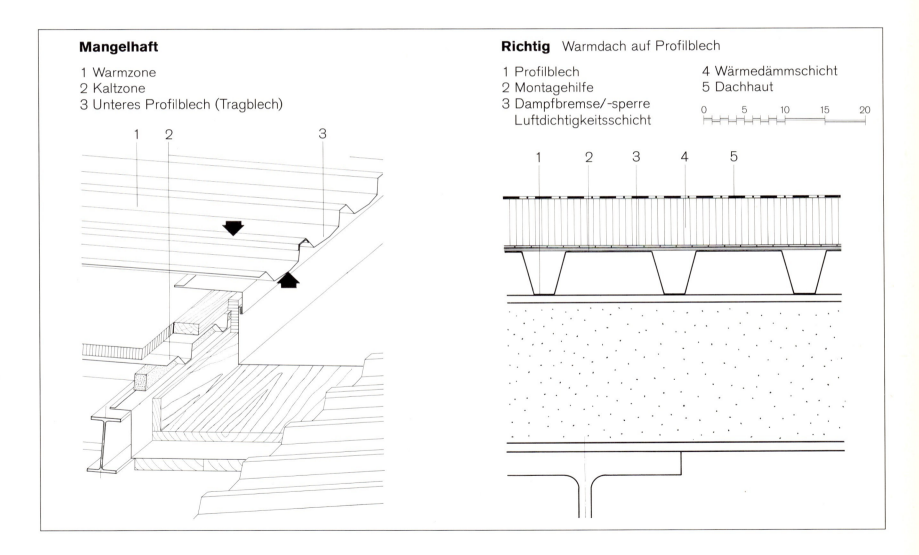

Schadenverhütung

– Bei der Planung von Dachkonstruktionen ist die Art des Dachsystemes (Kaltdach oder Warmdach) genau festzulegen, die Funktion und Anforderungen an die einzelnen Schichten bzw. Materialien klar definieren, dabei berücksichtigen, ob es sich um flache, flach geneigte oder geneigte Dachkonstruktionen handelt

– Einflussgrössen wie Raumklima, Druckverhältnisse der Raumluft, Aussenklima, Dachneigung bei Materialwahl und Konstruktionsart beachten, die Dachhaut aus Profilblech ist als Schuppeneindeckung zu bezeichnen, Längs- und Querstösse überlappt

– Profilblech als Dachhaut für geneigte Kaltdachkonstruktionen mit Dachneigung >15° verwenden, dabei speziell bauphysikalische Einflussgrössen, wie Ausscheidung von Primär- und Sekundärkondensat, Wärmebeharrungsvermögen und Auskühlung der Dachhaut aus Profilblech beachten

– Profilbleche für flach geneigte oder geneigte Konstruktionen in «Warmdachausführung» als Zwischenlösung von Kaltdach- und Warmdachkonstruktion nur über raumklimatisch untergeordneten Räumen anwenden

– Bei flach geneigten «Warmdachkonstruktionen» mit Profilblechen als Dachhaut ist der Einbau eines geeigneten Unterdaches zu prüfen, Warmdämmschicht vollflächig und in genügender Stärke verlegen

– Für flach geneigte und geneigte, systemgerecht geplante Warmdachkonstruktionen über Räumen mit erhöhten, raumklimatischen Beanspruchungen Profilbleche nur als tragendes Element der Warmdachkonstruktion auf Tragsystem verlegen

– Wärmedurchgangszahl k für Leichtkonstruktionen je nach Klimazone min. 0,4 W/m²K (0,34 kcal/m²hgrd)

– Auf das tragende Profilblech ist je nach diffusionstechnischer Beanspruchung eine Dampfbremse oder Dampfsperre einzubauen, diese stellt gleichzeitig die Luftdichtigkeitsschicht dar, Anschlüsse an Dachbegrenzungen luftdicht ausführen, im Dachrandbereich elastisch anschliessen

– Je nach Auflagefläche ist zur Erreichung der Trittfestigkeit der Dampfbremse, -sperre eine trittfeste Verlegehilfe aufzubringen

– Dampfbremse, -sperre bzw. Luftdichtigkeitsschicht und Wärmedämmschicht auf ganzem Dach geschlossenflächig verlegen

– Wahl des Wärmedämmstoffes in Abhängigkeit des Dachhautmaterials und der Art der Befestigung der Dachhaut

– Als Dachhaut sind nur langjährig erprobte Kunststoffdichtungsbahnen zu verwenden

– Da auf die Dachhaut keine Schutz- bzw. Beschwerungsschicht aufgebracht werden kann, sind sämtliche Schichten der Warmdachkonstruktion untereinander und mit der Unterkonstruktion sturmfest zu verkleben oder mechanisch zu befestigen, bewährte Befestigungssysteme wählen

– Bei sehr grossen Dachflächen ist der Einbau von Sollbruchstellen und Abschottungen empfehlenswert

Kaltdach/Warmdach

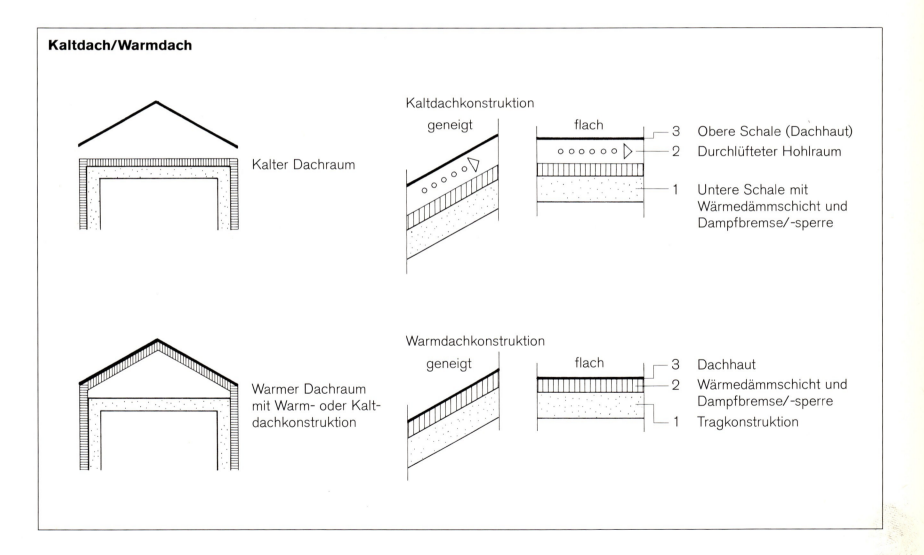

Kalter Dachraum

Kaltdachkonstruktion

geneigt   flach   3   Obere Schale (Dachhaut)

2   Durchlüfteter Hohlraum

1   Untere Schale mit
    Wärmedämmschicht und
    Dampfbremse/-sperre

Warmer Dachraum
mit Warm- oder Kalt-
dachkonstruktion

Warmdachkonstruktion

geneigt   flach   3   Dachhaut

2   Wärmedämmschicht und
    Dampfbremse/-sperre

1   Tragkonstruktion

5.1 Balkone

Sachverhalt

– Balkone mit durchlaufender Stahlbetondecke entlang Sichtmauerwerk- bzw. verputzter Fassadenpartien (Bild 1–5)

– Gehbeläge aus Zement-Verbundüberzug, Naturstein-, Waschbeton- und keramischen Bodenplatten

– Durchfeuchtete Mauerwerkskonstruktionen, Verfärbungen, Schimmelpilzbildung und Holzfäulnis an Fenstertürrahmen (Bild 6, 7)

– Hohe relative Raumluftfeuchtigkeiten

– Abtropfendes Wasser von Balkonuntersicht, Fäulniserscheinung an Holzverkleidung (Bild 8)

– Putzabstossungen und Kalkausscheidungen (Bild 4, 9)

Schadenursache

– Ungenügendes Gefälle im Gehbelag und in der rohen Balkonplatte hemmt raschen Wasserabfluss zu Ausspeier, Rinne oder Ablauf, nach Regen- und Schneefall langdauernde Durchfeuchtung der Bodenüberkonstruktion und des Zementüberzuges (Bild 10)

– Mauerwerk aufgehend ab roher Balkonplatte, fehlender Feuchtigkeitsschutz im untersten Bereich

– Fassadenverputz ist bis auf rohe Balkonplatte geführt, Flaschenhohlkehle fehlt, ungeeignetes Verputzmaterial im Sockelbereich (Bild 2, 4)

– Aufsteigende Feuchtigkeit im Fassaden- und Brüstungsmauerwerk (Bild 1, 2, 4, 5)

– Feuchtigkeit dringt bei Mauerwerk- bzw. Fenstertürenpartie ins Rauminnere und führt zur Durchfeuchtung der schwimmenden Bodenüberkonstruktion und der angrenzenden Bauteile (Bild 6, 7)

– Schwellenlose Ausführung, Wasserinfiltrationen unter Wetterschenkel bei starker Bewitterung, Durchfeuchtung der Fenstertürrahmen und der angrenzenden inneren Bodenüberkonstruktion (Bild 1, 3)

– Als Folge der Durchfeuchtungen ergeben sich Verfärbungen, Schimmelpilzbildung und Holzfäulnis, übler Geruch im Rauminnern, stark erhöhte Raumluftfeuchtigkeit mit Folgeerscheinungen, wie Ausscheidung von Oberflächenkondensat an schwach wärmegedämmten Aussenbauteilen (Bild 6)

– Durchgehende Risse in Balkonplatte und Undichtigkeiten zwischen Balkonplatte und aufgehendem Brüstungsmauerwerk, abtropfendes Wasser aus durchnässter Balkonbodenüberkonstruktion mit starken Kalkausscheidungen (Bild 8, 9)

– Dehnungs- und Bewegungsfugen innerhalb des Plattenbelages sowie zwischen Plattenbelag und angrenzenden Bauteilen fehlen oder sind ungenügend ausgebildet, Risse an verschiedenen Stellen bei angrenzenden Bauteilen (Bild 1, 5)

– Vorhandene Wärmebrücken führen zu Staubablagerungen und im Extremfall zu Ausscheidung von Oberflächenkondensat

Balkone

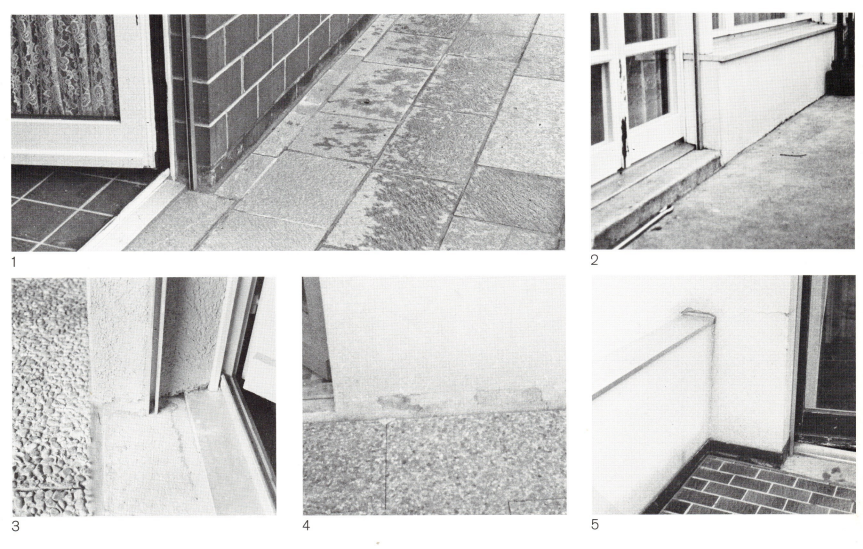

1

2

3

4

5

6

7

8

9

10

Mangelhaft

1 Randfuge
2 Natursteinplatten
3 Verlegemörtel

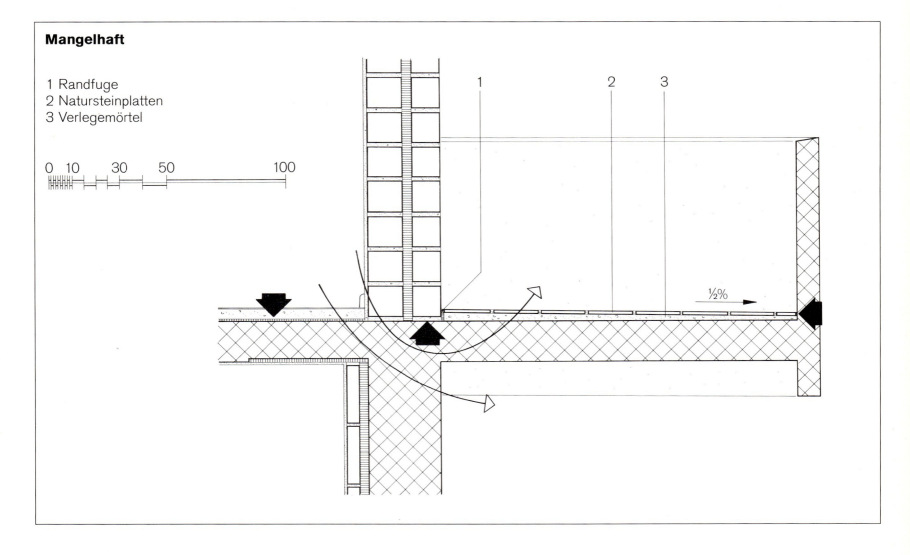

Schadenverhütung

– Die Wahl der zu treffenden Feuchtigkeitsschutzmassnahmen wird von der Intensität der Bewitterung bzw. vom Witterungsschutz (gedeckter oder ungedeckter Balkon) und der Art des Gehbelages bestimmt

– Bei frei auskragenden, ungedeckt und der Witterung voll ausgesetzten Balkonen ist dem Feuchtigkeits- und Wärmeschutz spezielle Aufmerksamkeit zu schenken

– Als Gehbelag dient üblicherweise ein rissfreier, wasserdichter Zementüberzug mit genügendem, der Witterungsbeanspruchung angepasstem Gefälle zu Ausspeier, Rinne oder Ablauf

– Entlang angrenzender Fassadenbauteile und verputzter Brüstungen sauber ausgebildete Flaschenhohlkehle erstellen, wasserdichter Überzug bzw. Verputz min. 5 cm über höchsten Punkt des Gehbelages aufziehen, bei Sichtbetonbauteilen Aussparungen erstellen

– Erstellen eines Betonsockels als Wandfuss unter Mauerwerk ist empfehlenswert

– Eventuell Einbau einer Trennfuge zwischen wasserdichtem Zementüberzug bzw. Verputz und unverputzten Bauteilen

– Bei Balkontüren je nach Witterungsbeanspruchung genügend hohe Schwellen erstellen

– Gelangen bei ungeschützten oder nur teilweise geschützten Balkonen Gehbeläge aus Kunststein-, Naturstein- oder keramischen Bodenplatten zur Anwendung, so ist der Einbau einer Wasserisolation aus Kunststoff- oder Bitumendichtungsbahnen notwendig, zweckdienliche An- und Abschlüsse ausbilden

– Je nach Grösse der Belagsfläche Dehnungsfugen einbauen

– Entlang angrenzender Bauteile Trennfuge erstellen

– Bei durchlaufenden Balkonplatten sind obere und untere Deckenrandwärmedämmschichten notwendig, wenn statisch zulässig, auch zwischen Mauerwerk und durchlaufender Betondecke einbauen

– Dreiseitig aufgelagerte Balkone konzipieren und von Geschossdecke trennen

– Bei zweischaligen Mauerwerken und durchlaufenden Balkonen ist äussere Schale durch Einbau von Dehnungsfugen vom Balkon bzw. angrenzender, äusserer Mauerwerksschale zu trennen (siehe 2.4)

Richtig

1 Wasserdichter Zementüberzug

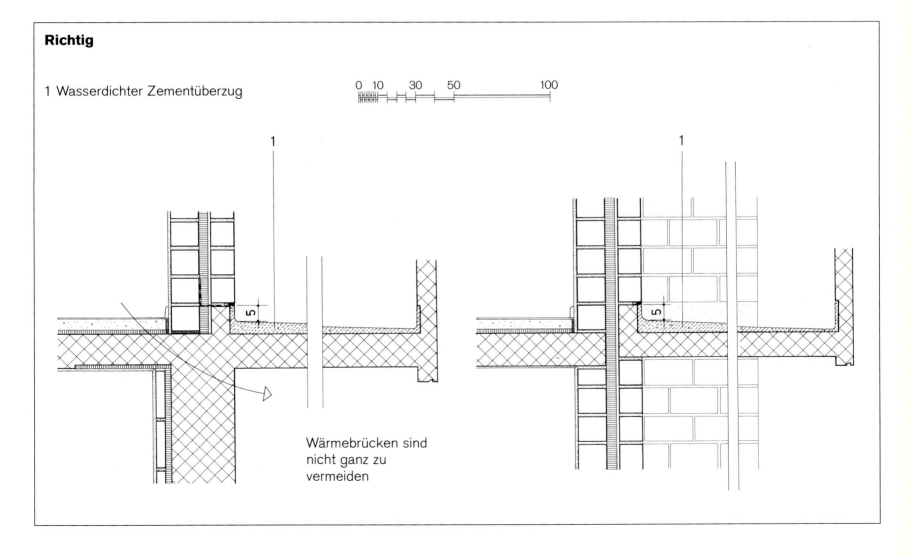

Wärmebrücken sind
nicht ganz zu
vermeiden

5.2 Kamine und Dachaufbauten

Sachverhalt

– Kaminzüge von Ölheizung, Cheminée und Lüftungsanlage mit verputzter Ummauerung

– Kaminabdeckungen aus an Ort hergestellter Betonplatte und verzinktem Eisenblech (Bild 1, 2, 4)

– Dachaufbauten mit 15 cm starkem, verputztem Backsteinmauerwerk, warmseitig wärmegedämmter Stahlbetondecke, Flachdach über bewohnten Räumen als übliche Warmdachkonstruktion ausgeführt (Bild 6, 7)

– Risse im Verputz und Mauerwerk, Putz- und Steinabsprengungen

– Feuchtigkeitserscheinungen, Verfärbungen und Schimmelpilzbildung an Deckenuntersicht im Bereich der Umfassungsmauern der Dachaufbauten

Schadenursache

– An Ort betonierte Kaminabdeckplatten sind auf dem Kaminzug und auf der Ummauerung aufgelagert, oberste Steinschicht beim Betonieren nicht abgedeckt, keine Bewegungsfuge zwischen Kaminzug und Abdeckplatte (Bild 1, 2)

– Allseitig genügender Vorsprung und Tropfnase fehlt (Bild 1, 2, 4)

– Kaminabdeckung aus Blech ungenügend abgedichtet, Trennfuge zwischen Kronenüberzug und Ummauerung wird von Blechabdeckung nicht überdeckt (Bild 4)

– Keine Wärmedämmschicht zwischen Kaminzug und Ummauerung

– Durch Temperaturwechsel bedingte Bewegungen des Heizungskamins und fehlender Bewegungsfuge zwischen Abdeckplatte und Kaminzug wird Abdeckplatte abgehoben; da oberste Steinschicht mit Beton bzw. Mörtel gefüllt ist (Verkrallung), entstehen Horizontalrisse bei verschiedenen Lagerfugen (Bild 1, 2)

– Kaminummauerung bzw. Aussenwand der Dachaufbauten aus verputztem Einsteinmauerwerk ab Dachdecke bzw. Decke über Keller hochgeführt, vertikale Trennfuge bei extrem unterschiedlich grossen Mauerwerksflächen fehlt (Bild 1, 2, 4, 6)

– Sehr unterschiedliche Verformung aus Temperatureinwirkung führt zu Zwängsspannungen, Verdrehungswirkungen und dadurch zu Mauerwerks- bzw. Verputzrissen

– Raumseitig gedämmte und ungenügend wärmegedämmte Stahlbetondecke über

Liftaufbau bzw. zwischen Liftaufbau und bewohnten Räumen unterliegt erhöhten Temperatureinwirkungen, Gleit- und Verformungslager fehlt, Verformung bewirkt Abrisse im Deckenauflagerbereich (Bild 6, 8)

– Fehlender Putzstreifen beim Anschluss Winkelblech zu verputzter Ummauerung der Dachaufbauten, mangelhafter Feuchtigkeitsschutz bei Rohrdurchführung, Risse und Putzabsprengungen (Bild 7)

– Im Laufe der Zeit treten Mauerwerksdurchfeuchtungen, Putz- und Frostschäden auf

– Wärmebrücken führen an der Deckenuntersicht im Bereich des aufgehenden Mauerwerkes der Dachaufbauten zur Ausscheidung von Oberflächenkondensat und Verfärbungen

– Aufbringen des Deckputzes an heissen Sommertagen auf zu glatte Grundputzoberfläche, Haftung nicht gewährleistet, Putzablösungen (Bild 5)

– Foto 3 zeigt die ausgeführte Sanierung des schadhaften Kamins (Bild 1, 2)

1

2

3

4

5

6

7

8

Mangelhaft

Richtig

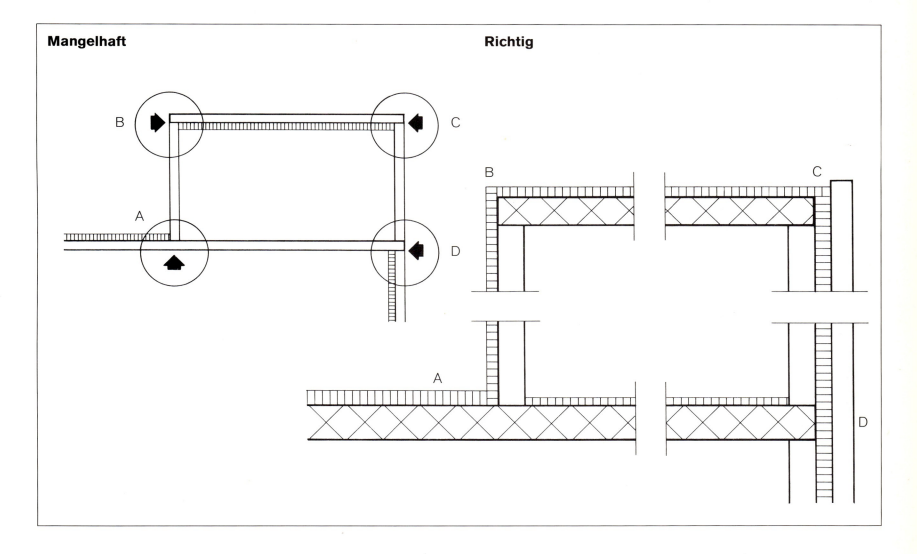

Schadenverhütung

- Beachten, dass Kamine und Dachaufbauten wetterexponierte Bauteile sind

- Weichfederndes Dämm-Material (Faserstoff min. 20 mm) zwischen Kaminzug und Abdeckplatte in Dehnfuge, Überdecken der Dehnfuge durch Einbau einer Blei- oder Chromstahlmanschette

- Betonabdeckplatten oder Blechabdeckkungen mit allseitigem Vorsprung und Tropfnase, Entwässerung mit Gefälle nach aussen oder bei Stehborden mit Rinne und Ausspeier bzw. Ablaufrohr

- Umfassende und über ganze Kaminhöhe geführte, genügend starke Wärmedämmschicht (d ≧ 5 cm) zwischen Kaminzug und Kaminummauerung einbauen

- Thermisch hoch belastete Kamine sollen nicht an Wohn- und Schlafräume angrenzen, erhöhte Raumlufttemperaturen auch bei sehr gut wärmegedämmten Kaminzügen

- Beachtung der Luftschallübertragung bei Cheminéekaminen

- Trennfuge zwischen Ummauerung und Kaminabdeckplatte aus Beton bzw. Blech abdichten

- Oberste Steinschicht vor Erstellen von Betonplatten abdecken, je nach Art der Ummauerung bzw. Art der Kaminabdeckkung eventuell durchgehende Trennschicht einbauen

- Bei Flachdachanschlüssen Putzstreifen oder Deckstreifen anbringen

- Unterschiedlich grosse Seitenflächen der Ummauerung bei Kaminen und Dachaufbauten sind durch Einbau von vertikalen, durchgehenden Fugen zu trennen

- Rohrdurchführungen abdichten

- Vermeiden von Wärmebrücken durch richtige Lage und Stärke der Wärmedämmschicht bei Dachaufbauten

- Reduzieren der Temperaturdehnung von Dachdecken aus Stahlbeton durch richtige Lage und Stärke der Wärmedämmschicht

- Kamine und Dachaufbauten im Zusammenhang mit Verputzarbeiten keine untergeordnete Bedeutung beimessen, richtige Putzzusammensetzung und geeigneter Putzaufbau, Einfluss der klimatischen Aussenbedingungen beim Verputzen beachten

- Fugen sind mit dauerelastischer Fugendichtungsmasse auszuführen und entsprechend den zu erwartenden Bewegungen zu planen

Betondachdecke – Temperaturverlauf/Dehnung
als Folge der unterschiedlichen Temperatureinflüsse und in Abhängigkeit der Wärmedämmschicht und deren Lage.

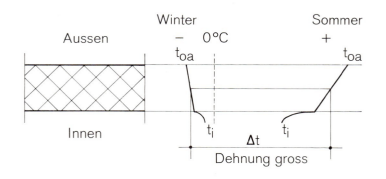

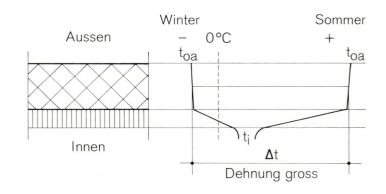

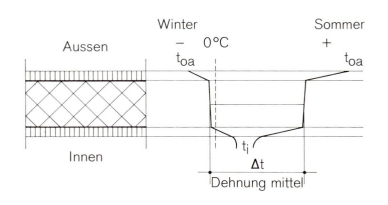

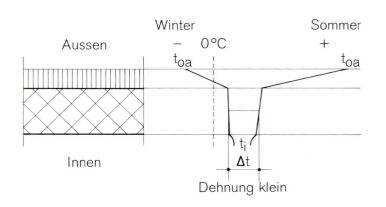

6.1 Massive Innenwände

Sachverhalt

– Horizontal, vertikal und abgetreppt verlaufende Risse in unterschiedlichen Stärken (Bild 1–12)

– Aufstossen des Oberflächenbelages und Putzausbrüche (Bild 6, 9, 11, 12)

– Verminderung der Luftschalldämmfähigkeit bei Wohnungstrennwand (Bild 1, 2, 6, 11)

Schadenursache

– Gleit- und/oder Verformungslager zwischen tragender Mauerwerksschale und Dachdecke aus Stahlbeton fehlt

– Verformungen der Stahlbetondecke aus Temperatureinwirkungen, quer oder parallel zur Wand, Schwinden, Kriechen und Durchbiegung führen zu horizontal und abgetreppt verlaufenden Mauerwerksrissen (Bild 1, 2, 3, 4, 7)

– Horizontalriss auf gleicher Höhe wie Rissverlauf in Fassade verursacht durch Deformation der Dachdecke (Bild 5)

– Wand- und Deckenputz ist nicht getrennt, dadurch sägezahnartiger Horizontalriss unterhalb Deckenkante (Bild 11)

– Fehlender Dämmstreifen zwischen nicht tragender Mauerwerksschale und Geschossdecke aus Stahlbeton, Lasteinleitung infolge Deckendurchbiegung, schräg verlaufender Riss (Bild 9)

– Mangelhaft ausgeführte Verbindung bzw. Trennung verschiedener Wandbauteile mit unterschiedlichen Materialeigenschaften führt zu Vertikalrissen (Bild 6, 8)

– Verwendung von Baustoffen (Gasbeton o. ä.) mit grossem Schwindmass bzw. langzeitlichem Nachschwinden ergeben teilweise ungerichtet verlaufende Risse oder Risse entlang der Fugen (Bild 12)

– Lange, unbelastete, gemauerte Tragwand auf schlanker Stahlbetondecke parallel zur Tragarmierung verlaufend, Türe in Wandmitte, horizontal- bzw. schräg verlaufende Risse ausgehend von Türsturz infolge Durchbiegung der Stahlbetondecke (Bild 10)

– Massive Rissbildungen ergeben Luftundichtigkeiten und vermindern die Luftschalldämmfähigkeit einer Wohnungstrennwand (Bild 1, 2, 6, 11), siehe 6.3

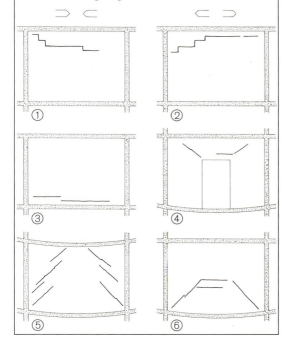

Mangelhaft

1 Kontraktion (Schwinden)
2 Dehnung (Wärmedehnung)
3 Dehnung oder Kontraktion quer zur Wand
4 Durchbiegung der unteren Decke
5 Durchbiegung der unteren und oberen Decke
6 Durchbiegung der unteren Decke

Massive Innenwände

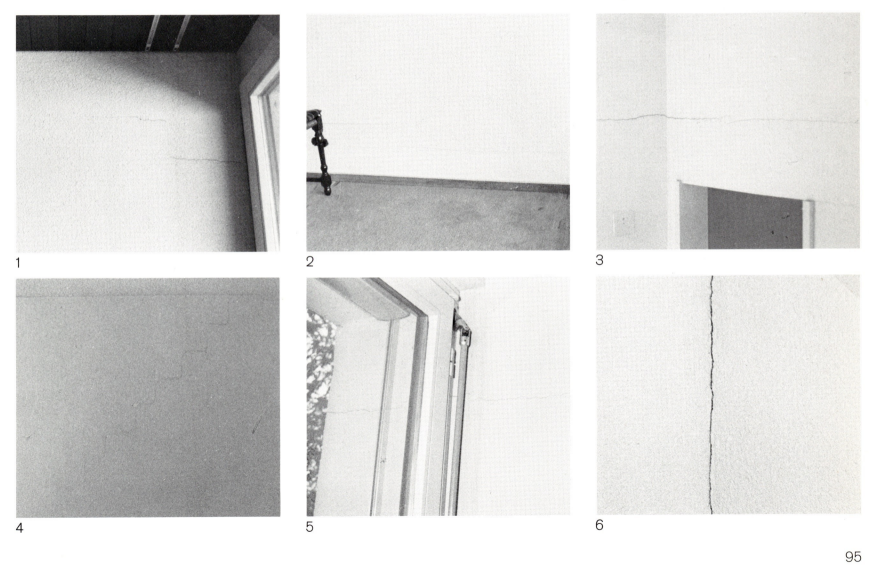

1

2

3

4

5

6

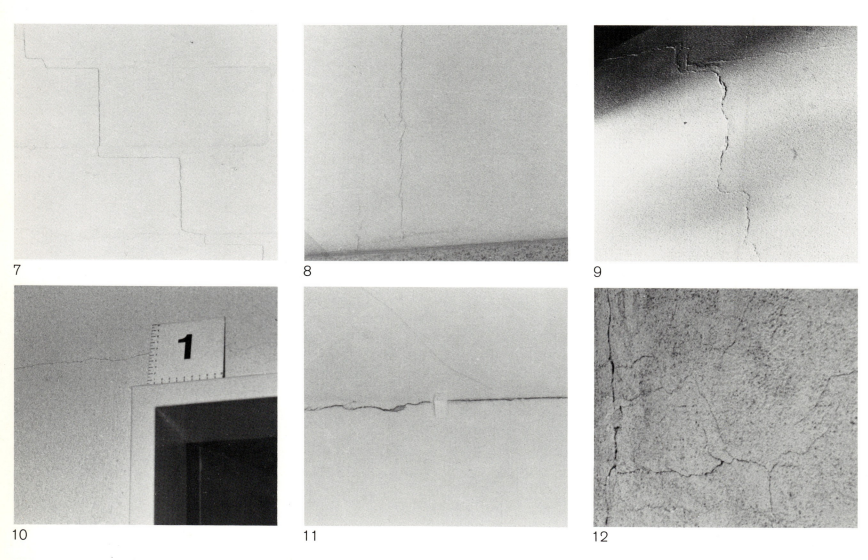

7

8

9

10

11

12

Schadenverhütung

– Einbau von Gleit- und/oder Verformungslager mit Ausnahme von Festpunkten auf sämtliche tragenden Innenwände unterhalb der Dachdecke (Aussenwände siehe 2.4), richtige Typenwahl durch Ingenieur

– Lager auf ganzer Wandbreite verlegen und unterhalb Dachdecke Ringanker einbauen

– Deckenputz durch Schwedenschnitt von Wandputz trennen

– Statisch konstruktiv notwendige Massnahmen wie Einbau von Dilatations-, Dehnungs- oder Trennfugen, frühzeitig planen

– Zur Vermeidung von Wandrissen infolge Durchbiegung, genügende Deckenstärken wählen, Ausschalfristen verlängern, vorsichtig ausschalen

– Nicht tragende Wände erst einbauen, wenn grösste Schwind- und Kriechverformungen abgeklungen sind

– Unterschiedliche Baustoffe weisen differenzierte, materialspezifische Eigenschaften auf, einheitliches Baumaterial wählen, Schwind- und Kriechmass beachten

– Wände in der Bauphase vor Durchfeuchtung schützen

– Tragwände und aussteifende Wände kraftschlüssig verzahnen

– Temperaturbedingte Bewegung der Dachdecke kann durch Einbau einer verstärkten, lückenlosen, aussenseitigen Wärmedämmschicht reduziert werden

– Zwischen nichttragenden Wänden und Geschoss- bzw. Dachdecken ganzflächig weichfedernder Dämmstreifen einbauen, Decken- und Wandputz schneiden

– Bei nichttragenden Wänden auf weitgespannten Decken unterste Lagerfugen eventuell armieren

– Durch die Unterteilung von grossen Wandflächen mit raumhohen Türelementen kann Rissbildung bei weitgespannten Decken reduziert werden

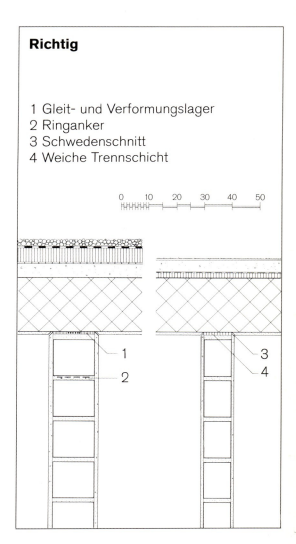

Richtig

1 Gleit- und Verformungslager
2 Ringanker
3 Schwedenschnitt
4 Weiche Trennschicht

0 10 20 30 40 50

6.2 Keramische Wandbeläge

Sachverhalt

– Keramische Wandplattenbeläge auf verputzten Wänden aus Beton, Backstein, Kalksandstein und vorfabrizierten Badewannenschürzen aus Beton oder Spanplatten

– Risse, Aufwölbungen, Hohlstellen und Abplatzungen

Schadenursache

– Bewegungsfugen zu angrenzenden Bauteilen wie Boden, Wände und Decken fehlen

– Verformung der relativ hohen Betonwände unter Dauerlast (Kriechen) führt zu Druckbeanspruchungen des Plattenbelages; Krafteinwirkung, Ausknicken, Hohlstellen, Aufwölbungen und Risse im keramischen Plattenbelag (Bild 1, 2, 3)

– Vorfabrizierte Badewannenschürzen aus Beton, abgestellt auf den bis unter die Schürze geführten, schwimmenden Unterlagsboden und mit Mörtel unterschlagen

– Durch das Schwinden des schwimmenden Zementüberzuges ergeben sich zwischen Mörtelband und Schürze Risse in den keramischen Wandplatten (Bild 4)

– Absandender Grundputz

– Plattenablösungen durch ungenügende Haftfestigkeit des Klebemörtels auf zu glatter, versinterter oder verunreinigter Betonoberfläche (Bild 6)

– Bei Feuchtigkeitseinwirkung auf gipshaltigen Grundputz treten Treiberscheinungen auf, Aufwölbungen und Ablösungen der keramischen Wandplatten (Bild 5, 7, 8)

– Verformung der Spanplatten unter Feuchtigkeits- und Temperatureinwirkung bewirkt Plattenablösungen (Bild 9, 10)

1

2

3

4

5

6

7

8

9

10

Schadenverhütung

— Entsprechend den zu erwartenden Verformungen des Untergrundes sind zwischen Plattenbelag und angrenzenden Bauteilen Bewegungsfugen einzubauen

— Unterteilung grösserer Flächen keramischer Wandbeläge durch Einbau von Bewegungsfugen

— Der Untergrund zur Aufnahme keramischer Wandplatten darf keine Verunreinigungen zeigen und muss eine griffige Oberflächenstruktur aufweisen, damit eine optimale Verkrallung und Haftfestigkeit des Klebemörtels erzielt wird; Sinterschichten auf Beton entfernen

— In Nassräumen dürfen keine gipshaltigen Putzmaterialien verwendet werden

— Bindemittelgehalt im Grundputz nicht überdosieren, da sonst Schwindmass und damit Scherspannungen zunehmen

— Durch Verwendung eines elastisch eingestellten Kunstharzklebemörtels (Spezialkleber) kann die Kraftübertragung aus dem Untergrund auf den keramischen Wandplattenbelag reduziert werden

— Als Untergrund zur Aufnahme keramischer Wandplattenbeläge sind nur geeignete Holzwerkstoffplatten zu verwenden, Anwendungsmöglichkeiten und Verarbeitungsvorschriften genau beachten

— Auf Betonwände aufgebrachte, gipshaltige Putze sind zur Aufnahme von keramischen Wandplatten ungeeignet

— Auf gipshaltige Untergründe dürfen keramische Wandplatten nicht mit Klebemörtel aufgezogen werden, welche einen hohen Zementgehalt aufweisen

6.3 Wohnungstrennwände – Luftschalldämmung

Sachverhalt

– Mehrfamilienhaus mit Eigentumswohnungen, vertraglich vereinbarte Schallisolation, die den erhöhten Anforderungen gemäss SIA Norm 181 zu entsprechen hat

– Bewohner der Wohnung A bzw. C fühlen sich im Schlafzimmer durch Schallemissionen aus dem Wohnraum der Wohnung B bzw. D gestört

– Normale Unterhaltungssprache wird zum Teil knapp verstanden

– Die Messungen der Luftschalldämmung dieser Wohnungstrennwände ergibt folgende Luftschallisolationsindexe:
Wohnungstrennwand A/B I_a = 46 dB
(Kurve ------)
Wohnungstrennwand C/D I_a = 44 dB
(Kurve ———)

– Für erhöhte Anforderungen gilt als minimaler Wert I_a = 55 dB

– Die vorhandenen I_a-Werte zeigen, dass eine deutlich wahrnehmbare, die Nutzung beeinträchtigende Unterschreitung des Sollwertes vorliegt

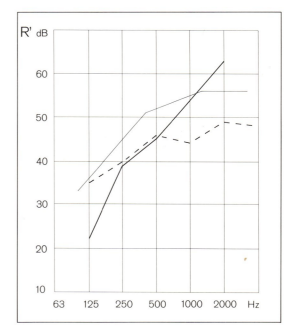

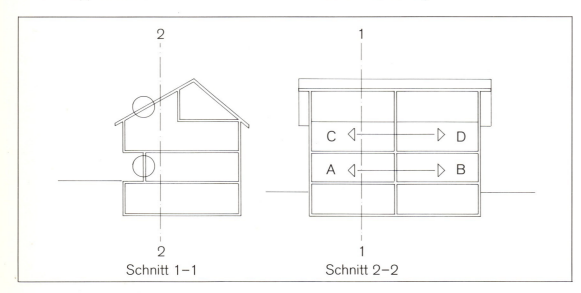

Schnitt 1–1   Schnitt 2–2

Schadenursache

– Anschlüsse der Fenster an die Trennwand A/B sind undicht, Nebenwegübertragung

– Zwischenlagen aus Schaumpolystyrol bei zweischaligen Wänden sind zur Verbesserung des Luftschalldämmvermögens ungeeignet

– An Wohnungstrennwand C/D angrenzende, obere Raumabschlüsse aus Holzschalung und zwischen die Sparren verlegtem Faserdämmstoff, weisen ein zu geringes Luftschalldämmvermögen auf, sind undicht angeschlossen, bewirken Nebenwegübertragungen

– Durchlaufende Unterdachschalung führt zu erhöhten Schallübertragungen durch Längsleitung

Schadenverhütung

– 2-schalige Mauerwerke mit hohen Anforderungen an die Luftschalldämmung auch im An- und Abschlussbereich konsequent getrennt ausbilden

– Hohlräume bei Mauerstirnen und -kronen mit Faserdämmstoff füllen

– Massive, angrenzende oder flankierende Bauteile müssen ein Flächengewicht von ca. 240 kg/m² aufweisen

– Leichte, heterogene, flankierende Bauteile, wie die Dachkonstruktion, sind in der Ebene und bei den Anschlüssen dicht auszubilden, z. B. Gipskartonplatte mit elastischen Dichtungen bei Wandanschlüssen

– Unterdachschalung trennen und Fuge mit Streifen aus armierter Bitumendichtungsbahn überdecken

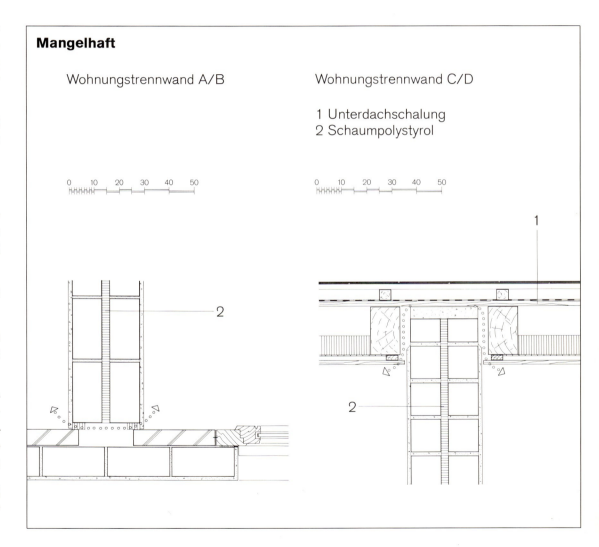

Mangelhaft

Wohnungstrennwand A/B

Wohnungstrennwand C/D

1 Unterdachschalung
2 Schaumpolystyrol

0   10   20   30   40   50

0   10   20   30   40   50

- Mauerwerksschalen ungleicher Stärke wählen, d im Minimum 12 cm

- Mauerwerk vollfugig erstellen, Mörtelbrücken vermeiden, Ausführung speziell überwachen

- Erste Schale aufmauern, Faserdämmstoffplatten d ≥ 4 cm geschlossenflächig anbringen, nach Kontrolle durch Bauleitung zweite Schale aufmauern, Putzstärke mindestens 15 mm

- Risse vermeiden, sie vermindern die Luftschalldämmung

- In Wohnungstrennwänden, mit Ausnahme einzelner Elektrorohre, keine Rohrleitungen führen, Steckdosen und ähnliches nicht in beiden Schalen an gleicher Stelle plazieren

- Keine Durchdringungen der beiden Schalen mit durchlaufenden Bauteilen

- Je geringer die Lärmimmissionen von aussen sind z. B. an ruhiger Wohnlage, umso mehr werden Geräusche aus dem Gebäudeinnern wahrgenommen

- Architekt, Bauherr, Käufer und Verkäufer müssen sich bewusst sein, dass trotz Erfüllung der erhöhten Schallisolationswerte Geräusche aus der Nachbarwohnung hörbar sind

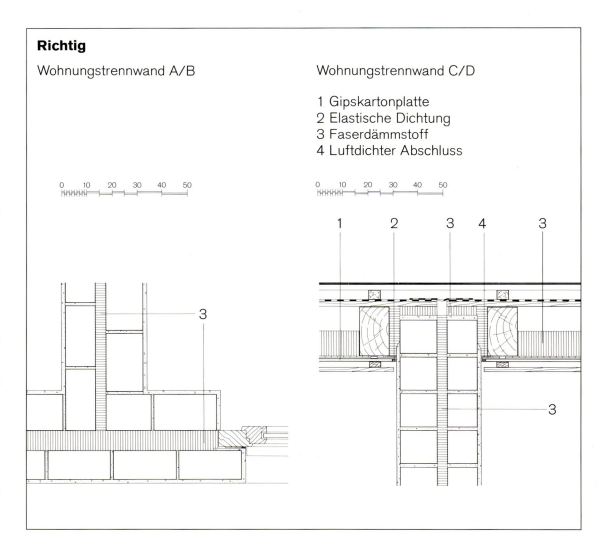

Richtig

Wohnungstrennwand A/B

Wohnungstrennwand C/D

1 Gipskartonplatte
2 Elastische Dichtung
3 Faserdämmstoff
4 Luftdichter Abschluss

0 10 20 30 40 50

0 10 20 30 40 50

1   2   3   4   3

3

3

Beurteilung von Schallpegel-Veränderungen	
Schallpegel-Veränderung	Beschreibung der Wahrnehmung – Bemerkungen
0– 2 dB	nicht wahrnehmbar, liegt meist innerhalb der Messgenauigkeit und ist bedeutungslos
2– 5 dB	gerade wahrnehmbar, kleine Veränderung
5–10 dB	deutlich wahrnehmbare Veränderung
10–20 dB	grosse und überzeugende Veränderung
>20 dB	überaus grosse und sehr bedeutende Veränderung

Subjektive Empfindung der Luftschalldämmung			
l_a	Normale Unter-haltungssprache	Laute Sprache	Radiomusik
30 dB	gut verständlich	sehr gut verständlich	gut hörbar
40 dB	verständlich	gut verständlich	hörbar
50 dB	unverständlich	teilweise noch verständlich	schwach hörbar
60 dB	unhörbar	unverständlich	unhörbar
70 dB	unhörbar	unhörbar	unhörbar

7.1 Keramische Bodenbeläge

Sachverhalt

– Schwimmende Bodenüberkonstruktion mit Gehbelag aus keramischen Bodenplatten

– Unterlagsboden aus Zementüberzug oder Verlegemörtel auf Trittschall- bzw. Wärmedämmschicht

– Aufwölbungen im Plattenbelag (Bild 2,5)

– Risse und Absprengungen in einzelnen Bodenplatten (Bild 2, 3, 4, 6)

– Teilweise offene Fugen zwischen Bodenbelag und Sockelplatten (Bild 1, 7, 8)

Schadenursache

– Randstellstreifen und Bewegungsfugen zur Aufteilung grösserer Flächen in Abschnitte mit ähnlichen Seitenverhältnissen, fehlen

– Materialtechnologisch oder thermisch bedingte Formänderungen werden behindert, dadurch treten in der Bodenüberkonstruktion erhöhte Spannungen auf

– Sobald die auftretenden Spannungen die zulässigen Werte überschreiten, entstehen Risse, Aufwölbungen und Absprengungen an Platten (Bild 2, 3, 4, 5, 6)

– Verlegte Rohrleitungen auf Rohdecke ergeben partielle Schwächungen im Zementüberzug, behindern Dehnung und Kontraktion und führen bei kleinerem Querschnitt, infolge Überschreitung der zulässigen Spannungen, zu Rissen (Bild 3, 4)

– Durch schnelleres Austrocknen der oberen Zone des Zementüberzuges bzw. Verlegemörtels ist das Schwindmass in dieser Zone grösser als in der unteren, feuchteren Zone und verursacht ein Schüsseln der Mörtelschicht bei Wänden, Fugen und Ecken

– Im Laufe der Zeit stellt sich im ganzen Mörtelquerschnitt ein gleicher Feuchtigkeitsgehalt ein, der geschüsselte Bereich bildet sich weitgehend zurück und ergibt offene Fugen mit Mörtelausbrüchen, Kittablösungen zwischen Sockelplatten und Bodenbelag (Bild 1, 8)

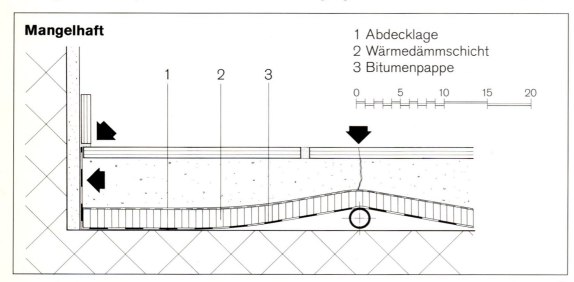

Mangelhaft

1 Abdecklage
2 Wärmedämmschicht
3 Bitumenpappe

0 5 10 15 20

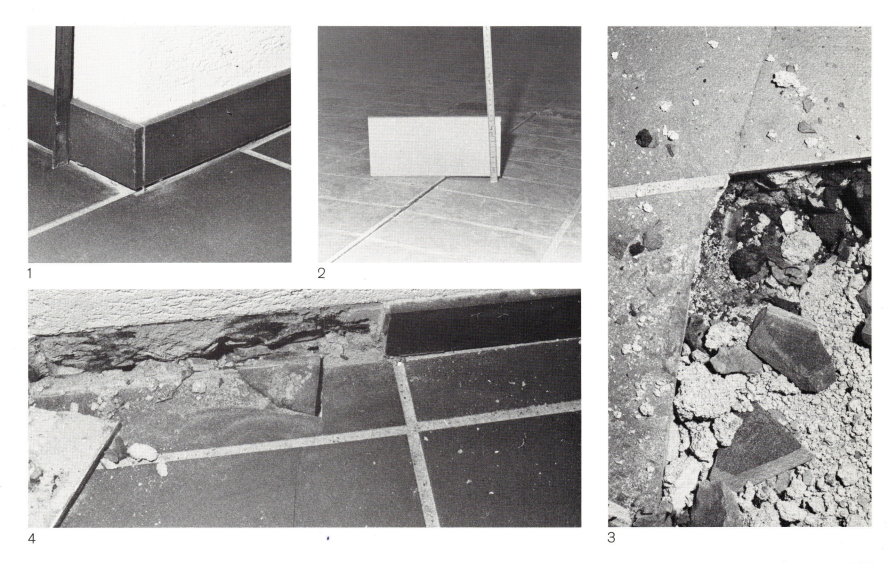

1

2

4

3

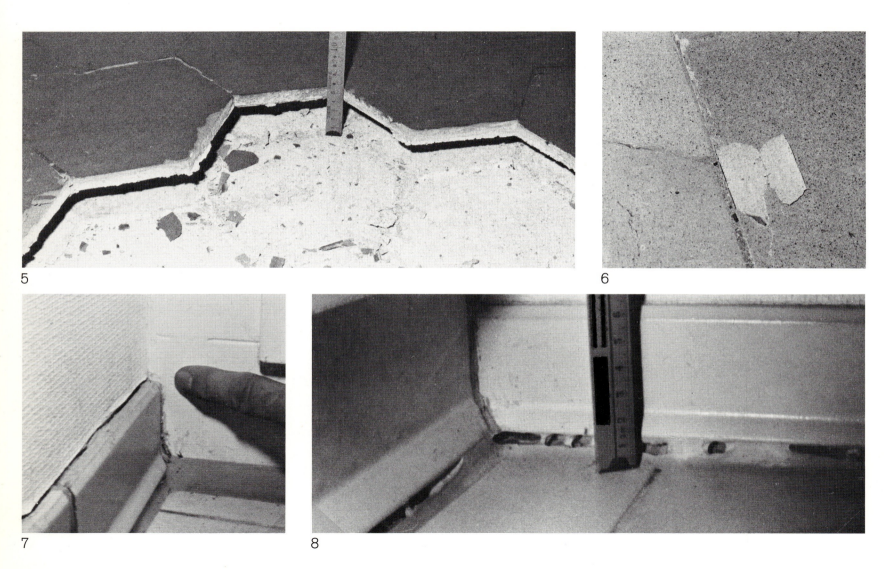

5

6

7

8

Schadenverhütung

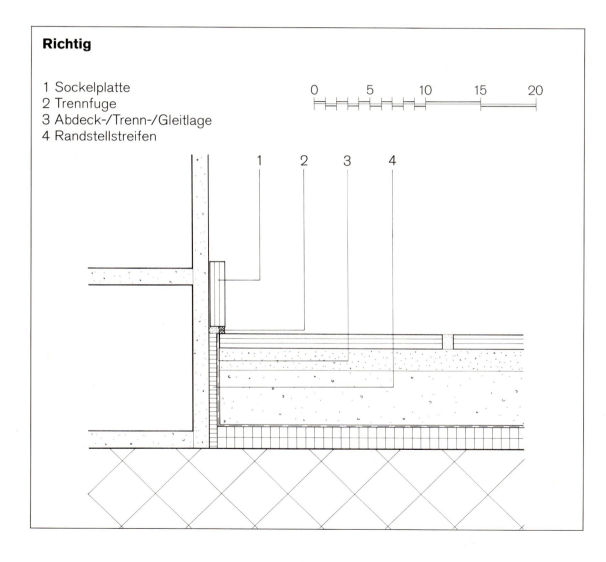

Richtig

1 Sockelplatte
2 Trennfuge
3 Abdeck-/Trenn-/Gleitlage
4 Randstellstreifen

0   5   10   15   20

1   2   3   4

– Die Stärke der Mörtelschicht und der Einbau einer eventuellen Armierung ist vom Material und der Stärke der Wärme- bzw. Trittschalldämmschicht, sowie von der Nutzung abhängig

– Mörtelschicht muss gleichmässige Stärke aufweisen, vor dem Verlegen der Wärmebzw. Trittschalldämmschicht Erhebungen oder Vertiefungen in der Rohdecke ausgleichen

– Möglichst keine Leitungen auf Rohdecke führen

– Bei Rohrleitungen auf der Rohdecke ist eine Ausgleichsschicht (Magerbeton, Schüttung) zu verlegen

– In der Dämmschicht geführte Leitungen dürfen die Mörtelstärke nicht wesentlich reduzieren, Schallbrücken durch geeignete Überdeckung der Rohrleitungen vermeiden

– Zwischen Mörtel- und Dämmschicht ist eine geeignete Abdeck-, Trenn- oder Gleitlage, wie Polyäthylenfolie, Asphaltkraftpapier, einzubauen

– Um das Schüsseln des vorgängig erstellten Zementüberzuges bzw. des Verlege-

Richtig

1 Bodenplatte
2 Verlegemörtel
3 Klebemörtel
4 Zementüberzug
5 Abdeck-, Trenn-, Gleitlage

6 Wärme-, Trittschalldämmschicht
7 Ausgleichsschicht
8 Angeschnittene Fuge
9 Durchgehende Fuge
10 Verdübelung

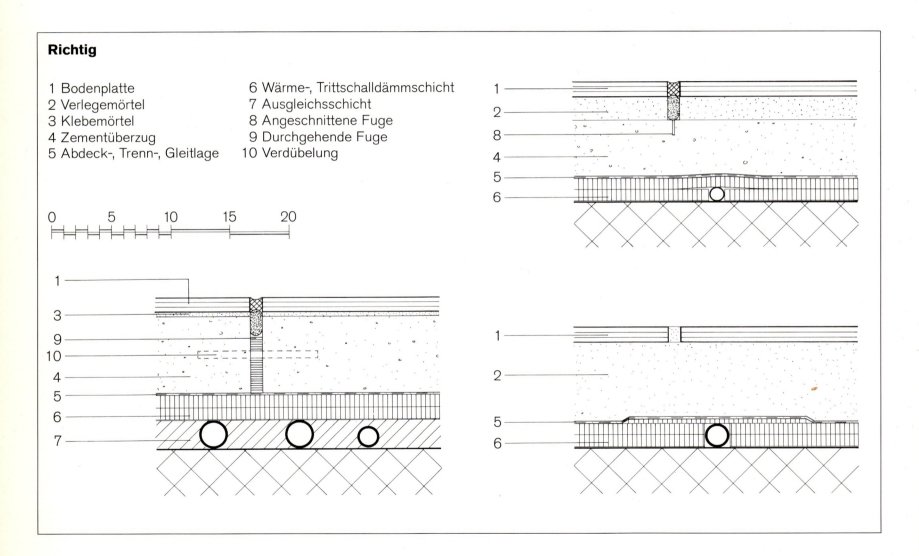

mörtels mit den Platten bei grosser Mörtelstärke zu vermeiden, sind geeignete Massnahmen zu treffen, wie Abdecken mit Polyäthylenfolie während ca. 10 Tagen, Vermeiden von Zugluft, reduzierte Temperatur der Bauheizung, Nachbefeuchtung

— Vor dem Verlegen des Plattenbelages auf Zementüberzüge ist deren Festigkeit und Beschaffenheit zu prüfen

— Entlang aufgehender Bauteile (Wände, Stützen etc.) sind umlaufende Dehnungsfugen (d ~ 1 cm) zu erstellen, geeignet sind weichfedernde Dämmstreifen (Faserstoffe), welche von Rohdecke bzw. Wärme- oder Trittschalldämmschicht bis ok Plattenbelag zu verlegen und durch Hochziehen der Abdecklage gegen Eindringen von Mörtel zu schützen sind

— Bewegungsfugen, welche in der Rohdecke vorhanden sind, müssen im gleichen Verlauf in der Bodenüberkonstruktion durchgehend erstellt werden

— Keramische Bodenbeläge sind in Felder von ca. 20 m² mit ähnlichen Seitenverhältnissen durch gleichmässig breite Dehnungsfugen zu unterteilen, Fugen mit dauerelastischer Dichtungsmasse ausbilden, in der Mörtelschicht sind angeschnittene Fugen zu erstellen

— Bei Dehnungsfugen, welche die gesamte Bodenüberkonstruktion trennen, ist die Mörtelschicht einseitig gleitend zu verdübeln

— Um die geplante Trittschalldämmung zu erreichen, ist speziell auf die Vermeidung von Mörtelbrücken entlang des Randstellstreifens zu achten

— Sockelplatten an Wand befestigen, zwischen Sockelplatten und Bodenbelag Trennfuge ausbilden

7.2 Nassraumboden mit Bodenheizung

Sachverhalt

- Bodenüberkonstruktionen in Hallenbädern

- Gehbeläge aus keramischen Bodenplatten in Mörtelbett verlegt

- Schwimmender Heizbeton mit Bodenheizung auf Wärmedämmschicht und 1-lagig bituminöse Sickerwasserisolation

- Risse und Absprengungen bei keramischen Bodenplatten (Bild 1, 2)

- Horizontalriss unterhalb der Bassinrandabdeckung, Teile des Kleinmosaikbelages brechen aus (Bild 4)

- Kalkausscheidungen beim Kleinmosaikbelag oberhalb Wasserspiegel, wo die Bassinwände vor Einbau der Bodenüberkonstruktion nachträglich aufbetoniert bzw. die Bassinrandabdeckplatten in Verlegemörtel versetzt wurden (Bild 4, 5)

- Massive Kalkablagerungen und Korrosionserscheinungen an Leitungen und Kanälen im Installationsraum unter dem Schwimmbadumgang (Bild 6, 7)

Schadenursache

- Keine Bewegungsfugen entlang angrenzender oder aufgehender Bauteile (Bild 1, 2, 3)

- Die gesamte Fläche der Bodenüberkonstruktion ist nicht durch Bewegungs- oder Dehnungsfugen in Abschnitte mit ähnlichen Seitenverhältnissen aufgeteilt

- Abdeck-, Trenn- und Gleitlage zwischen Heizbeton und Wärmedämmschicht fehlt

- Behinderte Formänderung infolge Temperatureinwirkung (Bodenheizung) und spezifischen Materialeigenschaften führen zur Überschreitung der zulässigen Spannungen und dadurch zu Rissen und Absprengungen an Bodenplatten (Bild 1, 2)

- Der nachträglich um ca. 10 cm aufbetonierte, oberste Teil der Bassinwände und die Bassinrandabdeckplatten mit Verlegemörtel werden gegen das Bassininnere verschoben, Horizontalrisse und Kleinmosaik-Absprengungen sind die Folge (Bild 4, 5)

- Bituminöse Sickerwasserisolation aus einer Lage V60 ist ungenügend und weist Verletzungen auf

- Die Sickerwasserisolation ist entlang der Wände und im Übergangsbereich zur Bassinwand zu wenig hochgezogen und un-

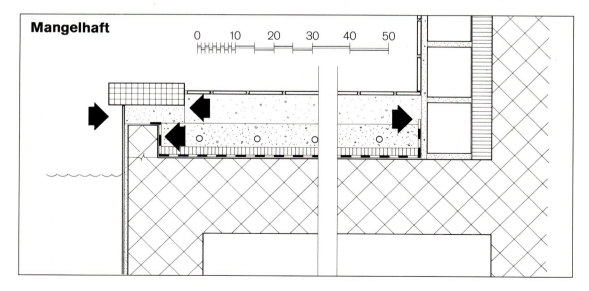

Mangelhaft

1

2

3

4

5

6

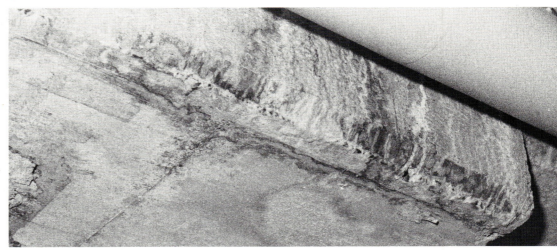

7

sachgemäss an angrenzende Bauteile angeschlossen, Durchfeuchtung des Mauerwerkes (Bild 3)

- Durch Spritz- und Reinigungswasser wird der Verlegemörtel und der Heizbeton durchnässt, ungenügend hochgeführter und mit ungeeignetem Mörtel ergänzter Bassinrand und fehlende Aufbordung der Sickerwasserisolation ermöglichen eine stirnseitige Abtrocknung verbunden mit Kalkausscheidungen (Bild 4)

- Als Folge der Mängel an der Sickerwasserisolation tropft alkalisches Wasser in den Installationsraum, starke Kalkausscheidung und Korrosionserscheinungen an Installationen (Bild 6, 7)

Schadenverhütung

- Einbau von Dehnungsfugen entlang aufgehender und angrenzender Bauteile, Dimensionierung in Abhängigkeit der zu erwartenden Bewegungen

- Weichfedernde Randstellstreifen von Rohdecke bzw. Wärmedämmschicht bis ok Bodenplatten führen und durch Hochziehen der Abdeck-, Trenn- oder Gleitlage schützen

- Die Bodenbelagsfläche soll in Felder von max. 15 m² mit ähnlichen Seitenverhältnissen durch gleichmässig breite, durchgehende Dehnungsfugen unterteilt werden, Fugenausbildung siehe 7.1

- Einbau der Sickerwasserisolation (starr oder plastisch/elastisch) auf ebenen Untergrund zwischen Wärmedämmschicht und Rohdecke bzw. Heizbeton oder zwischen Heizbeton und Verlegemörtel bzw. Zementüberzug

- Sickerwasserisolation an aufgehende oder angrenzende Bauteile wie Wände, Stützen, Bassinrand genügend aufborden und dicht anschliessen

- Verlegen der Wärmedämmschicht auf ebenen Untergrund

- Zwischen Wärmedämmschicht und Heizbeton Trenn- und Gleitlage einbauen

- Korrosionsschutzmassnahmen an Bauteilen und Installationen aus Metall

- Umfassendes, wärmebrückenfreies Dämmkonzept erarbeiten

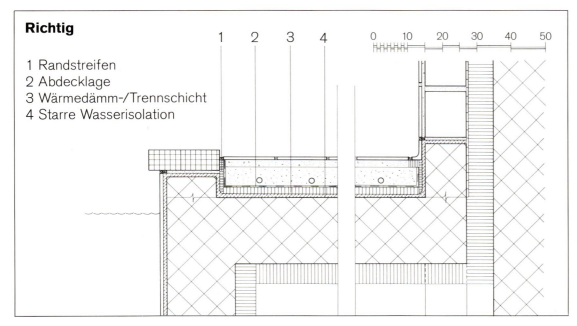

Richtig

1 Randstreifen
2 Abdecklage
3 Wärmedämm-/Trennschicht
4 Starre Wasserisolation

1 2 3 4   0   10   20   30   40   50

7.3 Decken – Trittschalldämmung

Sachverhalt

– Bewohner fühlen sich durch Gehgeräusche aus nebenan und darüberliegender Wohnung gestört

– Die Messungen der Trittschallisolationsindexe I_i ergibt Werte von 59 bis 69 dB

– Die Konstruktionen 1, 2 und 3 genügen mit I_i 59, 63 und 59 dem hier geforderten Wert von $\leqq 55$ dB nicht, SIA Norm 181 – erhöhte Anforderungen

– Bei den Konstruktionen 4, 5 und 6 überschreiten die vorhandenen I_i-Werte von 68 und 69 dB den für diese Fälle geltenden Grenzwert von $\leqq 65$ dB, SIA Norm 181 – Mindestanforderungen

Schadenursache

– Verschiedene Schallbrücken

– Konstruktion 1: Parkett hat an einigen Stellen Kontakt mit der Wand, Holzsockel ist an Wand geschraubt und satt auf dem Parkett angeschlossen

– Konstruktion 2: Beim nachträglichen Aufbringen eines rustikalen Deckputzes bis ok Plattenbelag (ohne Sockel) entstehen entlang den Wänden Mörtelbrücken

– Konstruktion 3: Ungeeignete, nur 1-lagige Trittschalldämmschicht

– Konstruktion 4: Beim Dachstockausbau nicht beachtet, dass vorhandener Blindboden ohne trittschalldämmende Unterlage auf Balken verlegt ist

– Konstruktion 5: Platten aus hartem Schaumpolystyrol eignen sich nicht als Trittschalldämmschicht, keine Abdecklage und Randstreifen, sehr mangelhafter, schwimmender Unterlagsboden

– Konstruktion 6: Vorhandener Kunststoffbelag mit einem Trittschallverbesserungsmass VI_i von 9 dB ist für Decke ohne schwimmenden Unterlagsboden ungenügend, Wahl erfolgte aufgrund der falschen Berechnung:
I_i Decke ~ 70 dB abzüglich VI_i Belag 9 dB = I_i Total 61 dB, VI_i im Labor gemessen gilt nur für Berechnungen mit ähnlichen Deckenstärken von ca. 16 cm

Schadenverhütung

– Bestimmen der Trittschallanforderungen an die Deckenkonstruktion

– Die Trittschallisolation einer rohen Betondecke ist auch bei grosser Deckenstärke ungenügend

– Wahl der geeigneten Trittschallschutz-Massnahme in Abhängigkeit der Art und Stärke, Deckenkonstruktion, schwimmender Unterlagsboden, weichfedernder Gehbelag oder Kombination beider Massnahmen, eventuell abgehängte Deckenverkleidung

– Um bei Konstruktionen ohne schwimmenden Unterlagsboden und mit üblichen Deckenstärken die Werte von $I_i \leqq 65$ bzw. 55 dB zu erreichen, sind Beläge mit VI_i von $\geqq 17$ bzw. 27 dB zu verwenden, als Qualitätsgarantie im Werkvertrag vereinbaren

– Nur Beläge mit bekannten, geprüften Trittschallverbesserungseigenschaften VM oder VI_i verlegen

– Sind Eigentumswohnungen mit weichen Gehbelägen konzipiert, ist dies im Nutzungsreglement präzise zu formulieren, Ersatz von Gehbelägen nur durch solche mit mindestens gleichem VI_i

– Für schwimmende Unterlagsböden entsprechende Stärke der Überkonstruktion in der Planung berücksichtigen, Bautoleranzen beachten

– Decke muss zur Aufnahme der Dämmschicht eben und ohne Überzähne sein

– Möglichst keine Rohre auf der rohen Decke führen oder gemäss Skizzen unter 7.1 schalltechnisch einwandfrei überbrücken

– Geeignete, geprüfte Dämmschicht wählen, Stärke ≥ 1 cm

– Vor dem Verlegen der Dämmschicht Mörtelpatschen unter Schwelleneisen entfernen

– Mit 2-lagigen, kreuzweise verlegten Dämmschichten können Schallbrücken eher vermieden werden

– Bei Verwendung von Dämmstoffplatten vorgängig weichfedernder Randstreifen stellen, mit Dämmplatten anstossen, Abdecklage aus PE-Folie, Bitumenkraftpapier oder gleichwertigem über Randstreifen hochziehen

– Einbau von Randstellstreifen oder Aufborden der Matten entlang aller angrenzenden Bauteile wie Wände, Fenstertüren und um Durchführungen wie Rohre, Konsolen

– Vor dem Erstellen des Zementüberzuges Trittschalldämmschicht durch Bauleitung kontrollieren, Ausführung speziell überwachen

– Werden harte Gehbeläge verlegt, so ist der Randstreifen über ok Belag hochzuführen und darf erst nach dessen Fertigstellung inkl. Ausfugung, abgeschnitten werden

– Bei harten Belägen keine starre Verbindung zwischen Sockel und Boden; Sockel an Wand aufziehen, nach dem Ausfugen von Boden und Sockel Randfuge sauber von Mörtel reinigen und plastisch oder elastisch verfugen

– Der zu erzielende Trittschallisolationsindex ist im Werkvertrag festzuhalten

– Vor dem Verlegen der Bodenbeläge Trittschallisolation durch Messungen stichprobenweise prüfen, insbesondere vor dem Verlegen von kostspieligen, keramischen Belägen

– Bei gleichem Trittschallisolationsindex I_i wirken Konstruktionen mit Gehbelägen aus Keramik, Natur- und Kunststeinen subjektiv schlechter trittschallgedämmt als solche mit Belägen aus PVC, Linol, Nadelfilz, Florteppich

Subjektive Empfindung der Trittschalldämmung von Decken Gehbelag PVC, Linol		
I_i	Gehen	Möbelrücken
75 dB	gut hörbar	laut hörbar
65 dB	hörbar	gut hörbar
55 dB	schwach hörbar	hörbar
45 dB	unhörbar	schwach hörbar

Konstruktion 1: – Parkett 0,8 cm
$l_i = 59$ dB
– Zementüberzug 6 cm
– Asphaltkraftpapier
– Faserstoffplatten
2-lagig 2 cm
– Betondecke 20 cm

Sanierung:
$l_i = 52$ dB
– Schallbrücken Parkett/
Wand entfernen und
Sockel vom Boden
trennen

Konstruktion 2: – Keramikplatten 1 cm
$l_i = 63$ dB
– Zementüberzug 7 cm
– PE-Folie
– Hartfaserplatte 0,3 cm
– Faserstoffplatten
2-lagig 2 cm
– Beton 26 cm

Sanierung:
$l_i = 51$ dB
– Entfernen der Putzmör-
telbrücken bei Rand-
streifen, Fuge einbauen

Konstruktion 3: – Parkett 0,8 cm
$l_i = 59$ dB
– Zementüberzug 4 cm
– Korkschrotmatte 1 cm
– Betondecke 18 cm

Sanierung:
$l_i = 45$ dB
– Auflage von Wollteppich
mit Vl_i 32 dB

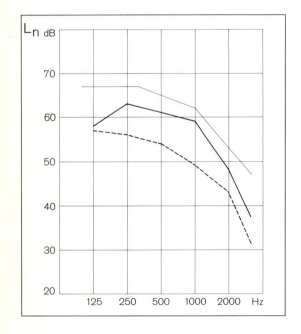

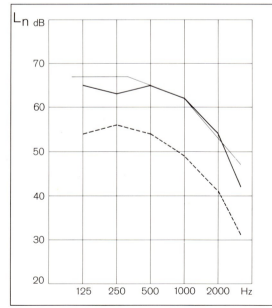

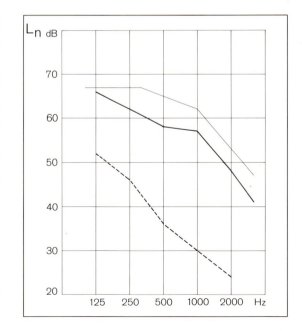

Konstruktion 4: − Linol 0,2 cm

$l_i = 68$ dB

− Blindboden ca. 3 cm
− Balkendecke mit
  Schrägboden und
  Schüttung 20 cm
− Schilfrohr-Gips-
  decke 2 cm

Sanierung:

$l_i = 58$ dB

− zusätzliche, schwimmende
  Überkonstruktion
− Leca-Schüttung 3 cm
− Gipskarton 2-lagig 2 cm

Konstruktion 5: − PVC 0,2 cm

$l_i = 69$ dB

− Zementüberzug 4 cm
− Schaumpoly-
  styrolplatten 1 cm
− Betondecke 18 cm

Sanierung:

$l_i = 59$ dB

− Nadelfilzauflage
  $Vl_i = 20$ dB

Konstruktion 6: − PVC 0,2 cm

$l_i = 69$ dB

− Zementüberzug 6 cm
− Beton 24 cm

Sanierung:

$l_i = 57$ dB

− Auflage aus PVC mit
  elastischer Unterschicht
  $Vl_i = 15$ dB

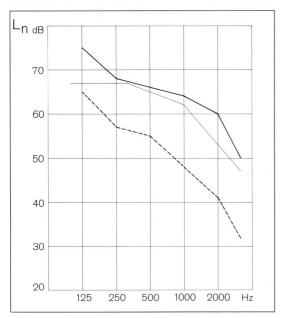

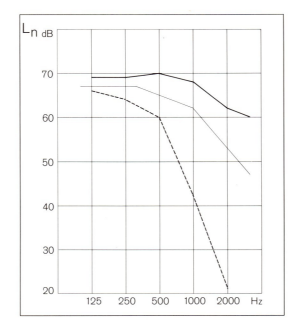

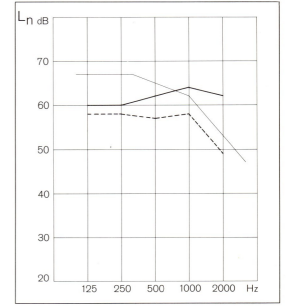

8.1 Holzfenster

Sachverhalt

- Holzfenster mit Doppel- oder Isolierverglasung, teilweise an wetterexponierter Lage

- Helle und dunkle Farbanstriche, offenporige Oberflächenbehandlung (Bild 1, 9, 10, 13, 14)

- Blend- und Blockrahmen innen, stumpf in Leibung und aussen angeschlagen

- Farbabblätterungen, abgebaute bzw. geschädigte Imprägnierung, offene Holzstösse, gut sichtbare Holzflickstellen, Fäulniserscheinungen

- Spröde und abfallende Kittfase, Kittverhärtung (Bild 1, 6, 13)

- Im Luftzwischenraum Kondenswasserbeschlag an der inneren Oberfläche der äusseren Doppelverglasungsscheibe (Bild 7)

Schadenursache

- Holzfenster an wetterexponierten Fassaden sind der Einwirkung von Regen, Schnee, Sonne und Wind besonders ausgesetzt

- Extrem beansprucht sind aussen und stumpf in Leibung angeschlagene Holzblendrahmen und grosse, zusammenhängende Fensterflächen (Bild 2, 3, 8, 9, 15)

- Breite Friese für Rahmen, Kämpfer und Setzhölzer, unsachgemäss ausgeführte und ungeschützte Holzverbindungen (Bild 5, 8, 13, 14, 15)

- Mangelhafte Abdichtung bei eingelassenen Wetterschenkel (Bild 2, 4, 8)

- Breite Setz- und Rahmenhölzer, im Hirnholzbereich ungenügend geschützt, mangelhafte Abdichtung mit Kunststoffdichtungsmasse (Bild 2, 4, 5, 13, 15)

- Mangelhafte Vorbereitung des Fugenbettes, Verwendung falscher Dichtungsmassen führt zu Verhärtungen, Farbablösungen, Lösen der Fugenflanken und Ausbrüchen (Bild 1, 5, 13)

- Quellen und Schwinden durchfeuchteter Holzbauteile führt zu Rissen, lösen von Flickzapfen, Farbabblätterungen, Holzfäulnis (Bild 10)

- Holzfeuchtigkeit aus dem Flügelrahmen verdampft beim doppelverglasten Fenster unter Sonneneinstrahlung in den Luftzwischenraum und führt zu Kondenswasserbildung (Bild 7)

- Regenwasser dringt bei Undichtigkeiten zwischen Fensterbank und Rahmen bzw. angrenzenden Wandbauteilen in unteren Rahmenteil, massive Fäulniserscheinung (Bild 11, 12)

- Fehlende oder mangelhaft ausgeführte Fugenausbildung zwischen Fensterrahmen und Wandbauteilen, Feuchtigkeitseinwirkung (Bild 1, 2, 9)

1

2

3

4

5

6

7

8

9

10

Holzfenster

11

12

13

14

15

Schadenverhütung

– Holzfenster an wetterexponierten Fassaden durch geeignete Massnahmen wie Vordächer, Balkone schützen

– Stumpf in Leibung oder aussen angeschlagene Fenster sind ungeeignet

– Bei der Konstruktion von Holzfenstern sind die einschlägigen Richtlinien EMPA – SZFF zur Ermittlung der Beanspruchungsgruppen betreffend Fugendimension, Verglasung, Fugendurchlässigkeit, Schlagregensicherheit, Fugenlänge, Fenster- und Berieselungsflächen zu beachten

– Unter Einhaltung statisch und konstruktiv notwendigen Anforderungen möglichst geringe, aussen freiliegende Rahmen-, Kämpfer- und Setzholzbreiten wählen

– Geradefaseriges Holz, kein Holz mit Rissen oder Harztaschen verwenden, Jahrringverlauf beachten, äussere Flickzapfen vermeiden oder Flickstelle einwandfrei ausführen

– Holzfeuchtigkeitsgehalt in bezug auf Schwind- und Quellerscheinungen beachten und vor Auftrag des Farbanstriches prüfen

– Wasser darf von Holzteilen nicht kapillar aufgesogen werden, Horizontalnuten sachgemäss ausbilden, Kontakt der Hirnholzfläche von Setzhölzern zu Metallwetterschenkel oder sonstigen, angrenzenden Bauteilen vermeiden oder geeignet schützen, stark saugende Hirnholzflächen zweimal grundieren

– Ausführung der konstruktiven Verbindungen zwischen Rahmen, Kämpfer und Setzhölzern besondere Bedeutung beimessen, wetterfeste Verleimung

– Horizontale Stösse bei Setzhölzern abdecken oder Setzholz hinterlüftet verkleiden

– Helle Anstriche wählen, Holzfeuchtigkeit beachten (< 15%), dunkel gestrichene Holzteile erwärmen sich bei Sonneneinstrahlung bis zu $+70°C$, hell gestrichene etwa 20 grd weniger

– Holzkanten zur Verbesserung der Anstrichhaftung und Erhaltung der Filmdicke leicht runden

– Innenanstrich soll gleichen oder grösseren Wasserdampfdurchlasswiderstand d/λ_D aufweisen als Aussenanstrich

– Holzfenster grundieren und je nach Holzart mit einem bzw. mehreren Zwischen- und Deckanstrichen versehen, Anstrich deckend und porenfrei ausführen

– Gestrichene, imprägnierte oder offenporig behandelte Holzfenster periodisch kontrollieren und falls notwendig Oberflächenbehandlung ergänzen oder neu erstellen, Mängel sofort beheben

– Wahl der Glasdicke beachten (Biegungsverformung) und Verglasung stabil verklotzen, Falz vorbehandeln mit Grundierung und mindestens einmaligem Aussenvorlack, Öl- oder plastische Massen ohne Lufteinschlüsse kompakt einbringen, je nach Dichtungsmaterial mit einem dichten, geschlossenen Anstrichfilm überdecken

– Bei Verbundgläsern und normalem Raumklima Holzglasleiste raumseitig anbringen, äussere Fuge zwischen Rahmen und Glas versiegeln, bei Holzfenstern keine Silikondichtungsmassen verwenden

– Öffnen doppelverglaster Fenster zu Reinigungszwecken bei kaltem und trockenem Wetter, um Kondenswasserbildung auf der warmseitigen Oberfläche der äusseren Scheibe zu vermeiden

– Die für Kondensat sehr anfälligen Holzfenster mit äusserer, offenporiger Behandlung oder Imprägnierung nur in Isolierglaskonstruktion ausführen

- Öffnungen und Hohlräume zwischen Fensterbänken und angrenzenden Bauteilen gegen Feuchtigkeitseinwirkungen abdichten, Fensterbankgefälle nach aussen min. 10%

- Beachtung der Temperaturdehnung von Fensterbänken, besonders aus Metall; zwischen Fensterbank und angrenzenden, seitlichen Wandbauteilen Bewegungsfugen einbauen

- Anschluss zwischen hinterer Fensterbankaufbordung und Fensterrahmen bzw. Wetterschenkel mit imprägniertem Schaumstoffprofil oder plastischer Dichtungsmasse abdichten

- Fuge zwischen seitlichem bzw. oberem Fensterrahmen und Leibung bzw. Sturz ausbilden, je nach Witterungsbeanspruchung geeignete Dichtungsmasse verwenden, Hinterfüllung zur Bildung des Fugenbettes einbauen

- Sämtliche Abdichtungsmassnahmen wie Fugengrösse, Fugenausbildung, Wahl der Fugendichtungsmasse oder Dichtungsprofile sind frühzeitig zu planen, fachgerecht auszuführen und zu überwachen, später Unterhaltskontrollen durchführen

- Zur Vermeidung von Undichtigkeiten, die sich in wärme- und luftschalltechnischer Hinsicht nachteilig auswirken, ist der Einbau von ein bzw. zwei umlaufenden Falzdichtungen empfehlenswert

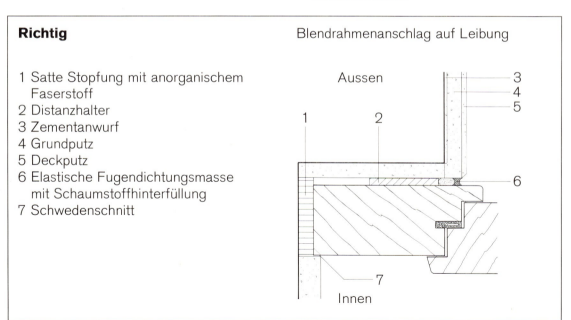

Richtig — Blendrahmenanschlag auf Leibung

1 Satte Stopfung mit anorganischem Faserstoff
2 Distanzhalter
3 Zementanwurf
4 Grundputz
5 Deckputz
6 Elastische Fugendichtungsmasse mit Schaumstoffhinterfüllung
7 Schwedenschnitt

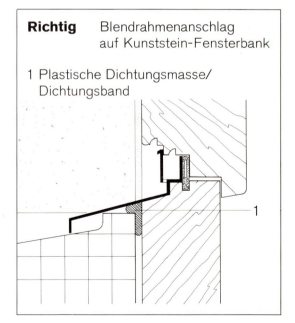

Richtig — Blendrahmenanschlag auf Kunststein-Fensterbank

1 Plastische Dichtungsmasse/ Dichtungsband

8.2 Holzfenster in Nassräumen

Sachverhalt

- Holzfenster mit Isolierverglasung, Glasfläche z. T. mit vertikalen Metallprofilen unterteilt

- Feuchtigkeitsbeschlag auf den warmseitigen Oberflächen der inneren und äusseren Scheibe, Glastrübung (Bild 3)

  Farbschäden, Ausbrüche und Verhärtungen der Dichtungsmasse

- Holzfäulnis

Schadenursache

- Raumseitige Versiegelung fehlt oder ist mangelhaft ausgeführt, Undichtigkeit führt zu Kondenswasserausscheidung, aggressives Spritz- und Reinigungswasser gelangt in den Glasfalz der Fensterrahmen (Bild 2, 4)

- Bleisteg korrodiert, Isolierverglasung wird undicht, Kondensatbildung an Scheibenoberfläche im Luftzwischenraum, Scheibentrübung, Farbschäden und Holzfäulnis (Bild 1, 2, 3, 4)

- Offene Rahmenstösse durch raumklimatisch bedingte Temperatur- und Feuchtigkeitsänderungen

- Verhärtete Dichtungsmasse zwischen Glas und Holzwerk, direkter Kontakt zwischen Isolierglas und Holzrahmen führen zu Glaseinspannung, Glassprüngen (Bild 1, 3)

- Anschluss zwischen Fensterrahmen und Boden nicht luftdicht, da Dichtungsbänder unter Sockel teilweise fehlen

- Glasleisten raumseitig angeordnet

Schadenverhütung

- Holzfenster ausserhalb Spritzwasserbereich anordnen, Kondensatausscheidung an raumseitiger Oberfläche der Fensterfront durch Warmluftvorhang verhindern, sehr gut wärmedämmendes Isolierglas verwenden (k $\leq$ 2 W/m^{2}K), kein aggressives Reinigungswasser verwenden

- Rahmen, Kämpfer und Setzhölzer möglichst schmal dimensionieren, jedoch statische (Dickendimension) oder anderweitige (Glasstärke...) Anforderungen erfüllen

- Einwandfreie Bearbeitung und Ausführung der Holzverbindungen, keine Metallprofile in Holzrahmen einbauen

- Wenige bewegliche Fensterteile, bei diesen zwei umlaufende Falzdichtungen einbauen, Glasleiste aussenseitig anordnen

- Raumseitige und aussenseitige Versiegelung zwischen Glas und Holzrahmen bzw. Glasleiste notwendig, Fugenbreite 4 bis 6 mm, Fugentiefe 5 mm

- Distanzband aus geschlossenzelligem, selbstklebendem Polyäthylenschaumstoff oder Moosgummi, Einkomponenten Polysulfid- oder Einkomponenten Polyurethan-Dichtungsmasse, geeignete Voranstriche

- Keine Silikon-Dichtungsmassen bei Holzfenster verwenden

- Einpressen einer plastischen Dichtungsmasse in Zwischenraum Glas/Rahmen

- Bei offenporiger Behandlung oder Imprägnierung der Holzfenster Falz grundieren und mit einem filmbildenden Anstrich versehen

- Anschlüsse an angrenzende Bauteile warm- und kaltseitig mit geeigneten Dichtungsbändern, -massen oder -profilen abdichten

- Einschlägige Richtlinien der EMPA—SZFF beachten

- Für die Dauerhaftigkeit der Fenster ist es notwendig, die raumseitigen Abdichtungen und den Farbanstrich periodisch zu kontrollieren, Mängel sofort beheben

1 Versiegelung
2 Glasleiste
3 Distanzband
4 plastische Dichtungsmasse,
  Verklotzung

A Falztiefe
B Falzbreite

Innen   Aussen

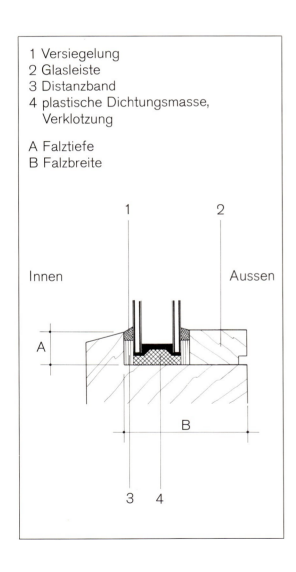

1

2

3

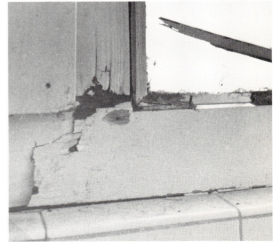

4

9.1 Fugen mit Fugendichtungsmassen

Sachverhalt

– Verschiedene Schäden an Fugen mit Fugendichtungsmassen, wie Flankenablösungen, Risse, Wulstbildung, mechanische Beschädigungen

– Verschmutzungen und Verfärbungen von angrenzenden Bauteilen

– Feuchtstellen an angrenzenden, inneren Oberflächen

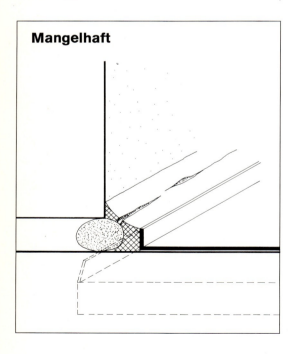

Mangelhaft

Schadenursache

– Ablösung der Fugendichtungsmasse von den Fugenflanken als Folge von haftungsverminderner Verunreinigung des Untergrundes, der unzweckmässigen Spachtelung der Stirnseite der Betonfertigteile bzw. des ungenügend haftenden Anstrichs auf Leibung des Pfeilerelementes (Bild 1, 5)

– Fuge zwischen Fensterbank und Leibung hat in der Höhe versetzte, ungenügend dimensionierte Flanken, diese ergeben untaugliche Fugenquerschnitt, Kontraktion des Metallfensterbankes bewirkt im dünnen Fugenquerschnitt zu hohe Zugspannungen, Fugenmasse reisst (Bild 2)

– Mangelhafte, nicht vollständig vernetzte Fugendichtungsmasse wird unter Beanspruchung aus der Fuge gepresst, bildet Wulste und weist an der Oberfläche Schädigungen auf, die auf zu hohe Plastizität zurückzuführen sind (Bild 6, 7)

– Verwendung von ungeeigneter plastischer Fugendichtungsmasse, die sich unter häufiger Wechselbeanspruchung einseitig von der Flanke gelöst hat und Verhärtungen aufweist (Bild 8, 9)

– Riss in der Fuge bzw. Flankenablösung durch Überbeanspruchung der falsch ausgebildeten Fuge mit 3-Flankenhaftung zwischen Fensterbankbord und Stahlstütze (Bild 4)

– Wasserinfiltration durch undichte Stellen bei Dilatationen von Metallfensterbänken und -wetterschenkeln kann nicht durch Auftragen von Fugendichtungsmasse an ungeeigneten, nicht für die Verfugung ausgebildeten Stellen dauerhaft behoben werden (Bild 3)

– Gelbbraune Verschmutzung auf der Betonoberfläche über dem Deckstreifen, unsorgfältiges Auftragen des Primers (Bild 10)

– Dunkle Verfärbung der Putzoberfläche an unterer Leibungspartie, Brüstung und über leicht vorstehender Blechschürze; starke Schmutzablagerung auf der Fugendichtungsmasse, durch Spritz- und abfliessendes Regenwasser wird abgelöster Schmutz auf Putzfläche abgelagert (Bild 11, 12)

– Mechanische Beschädigung von freiliegenden Fugendichtungen auf Hochhaus-Attika durch schnabelwetzende Vögel (Bild 13)

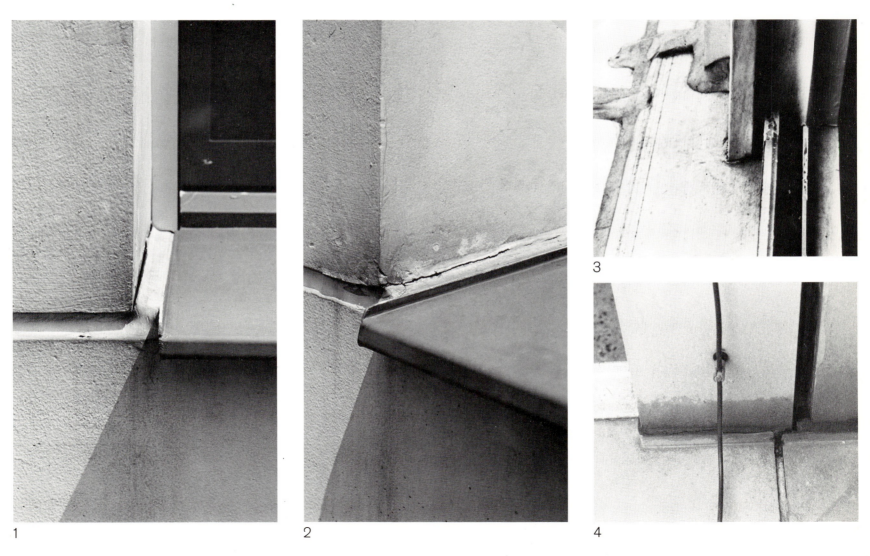

1

2

3

4

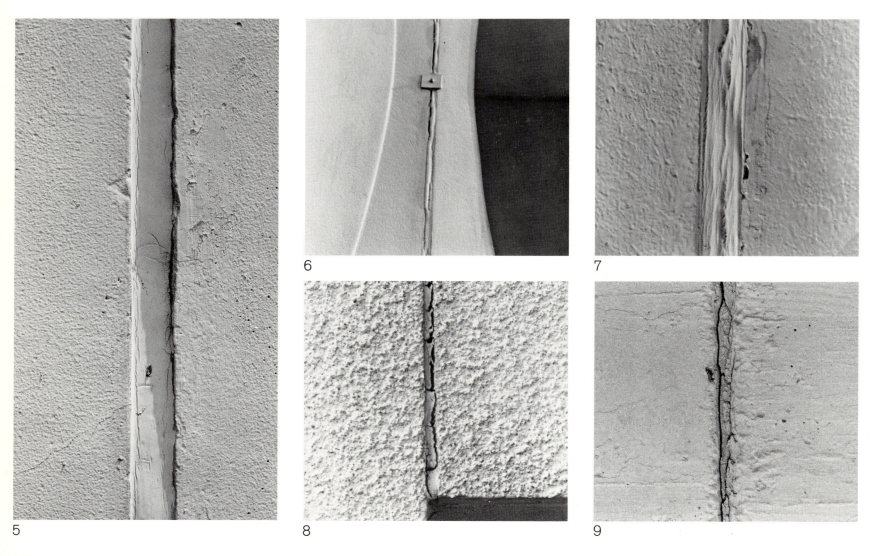

5

6

7

8

9

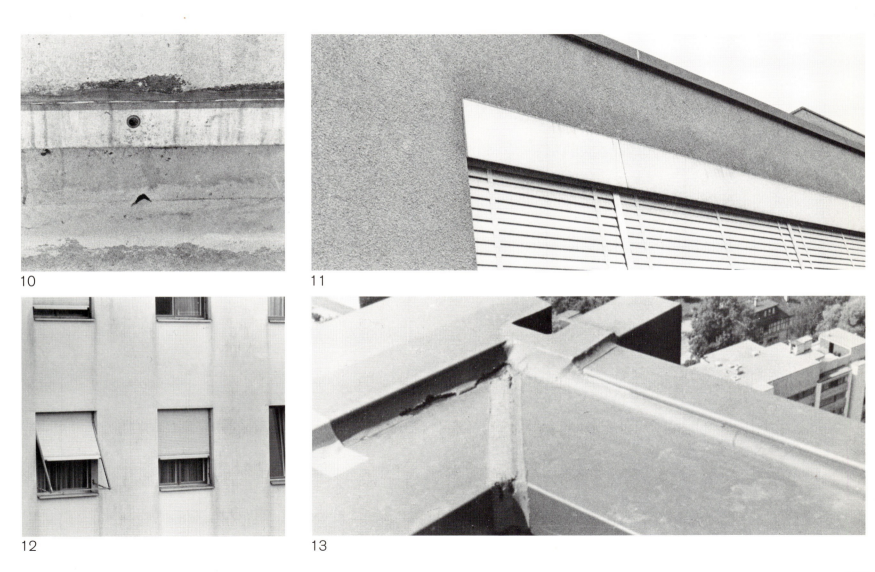

10

11

12

13

Schadenverhütung

– Alle Fugen und ihre Abdichtung sind zu planen, nicht nur die Vielzahl von Fugen bei Elementbauten, sondern auch jene bei Einzelbauteilen

– Fugendetails frühzeitig lösen, damit die bauseitigen Anforderungen berücksichtigt werden können

– Bei grosser Anzahl gleicher oder ähnlicher Details mit komplizierten Fugenabdichtungen unbedingt Muster erstellen

– Lage, Ausbildung und Querschnitt der Fugen entsprechend der zu erwartenden Bewegung wählen bzw. dimensionieren

– Fugenbewegungen durch Architekt bzw. Ingenieur berechnen, die verschiedenen Einflüsse wie Temperatur, Schwinden, Quellen, Kriechen, Belastungswechsel, Setzungen bewerten

– Fugenquerschnitt günstig wählen, d. h. möglichst parallele Fugenflanken

– Fugenkanten an Betonteilen abfasen um klare Flankenverhältnisse und geschützte Anordnung zu erhalten

– Fugenflanken müssen dicht und ausreichend fest sein, Anstriche müssen eine genügende Haftung auf dem Untergrund

aufweisen, mögliche haftungsvermindernde Einflüsse durch Schalöl, Silikonisierung o. ä. abklären, Klebbandhafttest zur Orientierung durchführen

– Als Hinterfüllmaterial runde Profile aus möglichst geschlossenporigem Schaumkunststoff z. B. PE verwenden, Faserstoffe sind ungeeignet

– Auf Aussenbauteilen sind der Beanspruchung entsprechend nur hochwertige, elastische Fugendichtungsmassen aus Silikon, Polysulfid oder Polyurethan zu verwenden

– Äussere Fugenabdichtungen nur bei trockener Witterung ausführen, Oberflächenkondensat und minimale Verarbeitungstemperatur entsprechend der Art der Fugendichtungsmasse beachten

– Vor dem Einbringen der Fugendichtungsmasse ist der Untergrund je nach Beschaffenheit zu entfetten, trocknen, schleifen oder bürsten

– Beim Trocknen von Fugenflanken nur Heissluftgebläse und niemals Gasflamme verwenden

– Nach dem Einbau des Hinterfüllmaterials Fugenflanken mit Primer vorstreichen, der auf die Fugendichtungsmasse und den

Untergrund abgestimmt ist, angrenzende Bauteile schützen

– Um Verschmutzungen der Fassaden zu vermeiden, sind Fugenmassen zwischen Fensterbankbord und Leibung konstruktiv abzudecken oder Fensterbänke mit Putzbord zu verwenden, liegende Fugen zurückversetzen

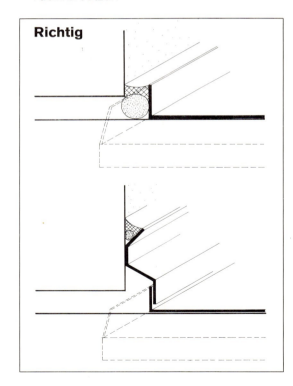

Richtig

Fugen mit Fugendichtungsmassen

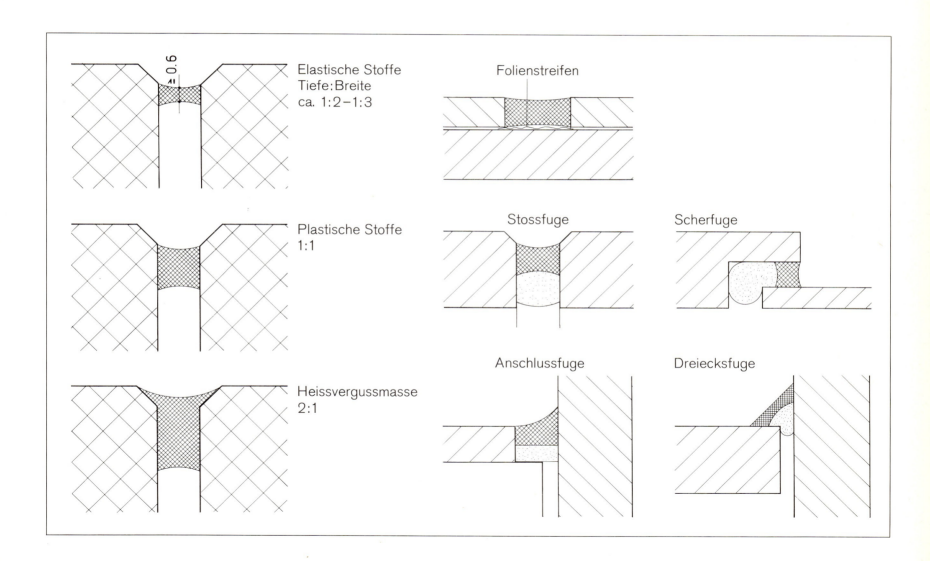

Elastische Stoffe
Tiefe:Breite
ca. 1:2-1:3

Folienstreifen

Plastische Stoffe
1:1

Stossfuge

Scherfuge

Heissvergussmasse
2:1

Anschlussfuge

Dreiecksfuge

9.2 Bauteile aus Metall

Sachverhalt

– Flachgeneigte Kaltdachkonstruktion, obere Schale mit Profilblech aus wetterfestem Stahl, Roststaubablagerung und Löcher bei Stossüberlappung im Wellental (Bild 1, 2)

– Nassraum mit Metallfenster, Fensterrahmen stumpf in Leibung angeschlagen, Farbabstossungen und Rostbefall (Bild 3)

– Metallfensterfront von Boden bis Decke verlaufend, Rahmen aus Aluminium zwischen Stahlbetonpfeiler montiert, Bodenbelag des stark wetterbeanspruchten Vorplatzes aus Zementüberzug, weisse Fleckenbildung am Rahmen in Bodennähe (Bild 4)

– Metallbecken eines Schwimmbades aus Aluminium aufgelegt auf Betonboden bzw. Zementüberzug, Löcher in Aluminiumbodenplatte (Bild 5)

– Verputzte, armierte Betondecke mit eingelegten Deckenheizungsrohren; Risse, Verfärbungen und Putz- bzw. Betonabsprengungen an Deckenuntersicht (Bild 6)

– Balkongeländer aus Stahlrohrprofilen an seitlichen Mauerwerksbegrenzungen befestigt, Mauerwerksrisse und Abheben einzelner Backsteine (Bild 7, 8)

– Metallfensterbänke auf verputzter Mauerwerksbrüstung versetzt, im Pfeilerbereich Aufwölbungen (Bild 9, 10)

Schadenursache

– Die für die Anwendung wetterfester Stähle massgebenden material-technologischen Eigenschaften und Verlegevorschriften nicht beachtet, zu geringe Dachneigung, mangelhafte Stossüberdeckung längs und quer zur Profilierung

– Ausbildung von Belüftungselementen, Korrosionsschäden in den schlecht belüfteten Kontaktstellen, ungleichmässige Ausbildung der Schutzschicht aus Korrosionsprodukten führt zu Pockennarben auf der Dachfläche, Rostablagerungen und Lochbildungen (Bild 1, 2)

– Ungenügender Korrosionsschutz an Metallbauteilen aus Stahl in Nassräumen hat Farbablösungen und Korrosionsschäden zur Folge, besonders intensiv an Spritzwasser- und Kondenswasserstellen (Bild 3)

– Bei fachgerechter Ausführung werden ungeschützte Stahlrohre durch den stark basischen Beton vor Korrosion geschützt, Schutzfunktion geht verloren bei porösem Beton, ungenügender Betonüberdeckung, Kiesnestern, chloridhaltigen Betonzusatzmitteln und ungenügender Zementdosierung (Bild 6)

– Metallische Baustoffe weisen lineare Wärmeausdehnungskoeffizienten von $10 \cdot 10^{-6}$ K^{-1} bis $35 \cdot 10^{-6}$ K^{-1} auf; erfolgt Behinderung der thermischen Dehnung durch kraftschlüssige Verbindung mit anderen Bauteilen, so treten Überspannungen im angrenzenden Bauteil auf oder der Metallbauteil verformt sich (Bild 7, 8, 9, 10)

– Das amphotere Metall Aluminium korrodiert unter Einwirkung von basischen Lösungen

– Spritzwasser aus dem alkalischen Milieu führt zu weisslichen Flecken, d. h. Korrosionsstellen am Rahmenprofil aus Aluminium (Bild 4)

– Verletzung der Korrosionsschutzschicht an der Unterseite des Metallbeckens aus Aluminium, Korrosion bis zur Perforation durch Einwirkung basischer Lösung aus dem feuchten Untergrund (Bild 5)

1

2

3

4

5

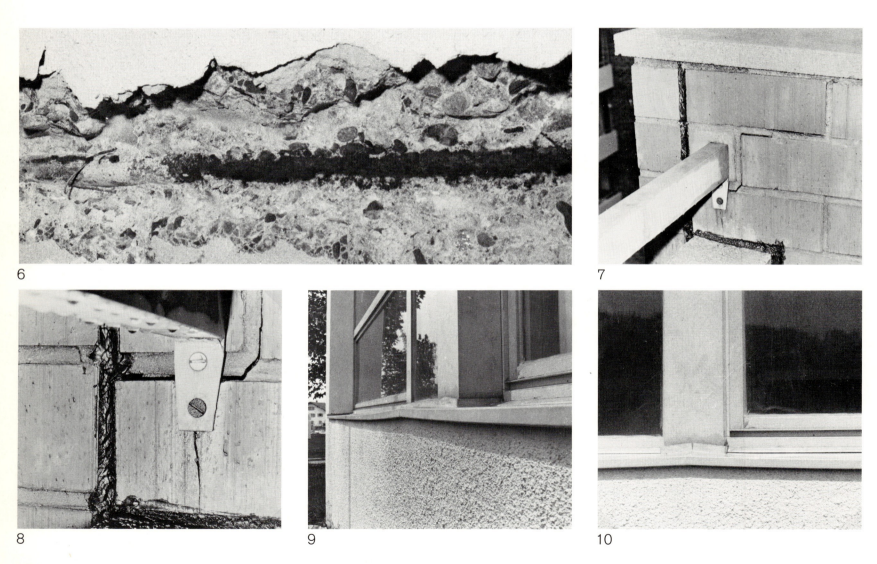

6

7

8

9

10

Schadenverhütung

– Wetterfeste Stähle nur bei aggressiver Atmosphäre anwenden, damit sich Schutzschicht rasch ausbildet, Stossüberlappungen der Profilbleche so ausbilden, dass kein Wasser eindringen kann, weggeschwemmte Korrosionsprodukte dürfen in Dachwasserrinne nicht liegen bleiben

– Genügende Dach- und Rinnengefälle vorsehen, Gegengefälle und Standwasser unbedingt vermeiden

– Bei Anwendung von Metallbauteilen notwendige Korrosionsschutzmassnahmen genau abklären, nur einwandfreie Ausführung der Schutzmassnahme bietet Gewähr für Erfolg, Korrosionsschutzschicht nicht beschädigen

– Auswirkung angrenzender Bauteile bezüglich Korrosionsbildung abklären und notwendige Schutzmassnahmen (Anstrich, Beschichtung, Schutzfolie) anordnen; wenn Korrosionsschutz an Metallbauteil nicht möglich, konstruktives Konzept ändern

– Die Stahlarmierung in der Betondecke oder in der Betondecke geführte Stahlrohre können nicht korrodieren, solange Umgebung genügend stark basisch ist

(pH-Wert $\sim$ 10), Mindestüberdeckung nach SIA Norm einhalten und Beanspruchungsgrad beachten

– Wasser-Zementfaktor bei genügender Plastizität so niedrig als möglich wählen, Beton gut verdichten, genügende Zementdosierung

– Chlorid-Ionen durchbrechen die Passivierungsschicht der Stahloberfläche und führen zu schwerwiegenden Schäden, deshalb auf keinen Fall chloridhaltige Zusatzmittel verwenden

– Der thermischen Dehnung ist bei der konstruktiven Durchbildung Beachtung zu schenken, für freie Beweglichkeit der Metallbauteile ist unbedingt zu sorgen, ansonsten bei kraftschlüssigem Einbau die auftretenden Spannungen nicht aufgenommen werden können, die Länge des sich dehnenden Bauteils spielt keine Rolle, da: $\sigma = \alpha \cdot E \cdot \Delta T$

– Werden im Anschlussbereich an angrenzende Bauteile Dehnungsfugen vorgesehen, so sind sie nach der Beanspruchung und den verwendeten Dichtungsmassen zu dimensionieren, die Haftung an benachbarten Baustoffen muss gewährleistet sein, Dreiecksfugen sind nur beschränkt tauglich

9.3 Anstriche auf Aussenbauteile

Sachverhalt

- Risse, Ablösungen und Blasen im Anstrich auf verputzten Fassaden, Betonelementen, Steinzeugplatten, Stahlstütze, Dachrinne

- Rotbraune bzw. grau-grüne Verfärbungen auf der Fassadenoberfläche (Bild 4, 5, 6)

Schadenursache

- Risse im Dispersionsanstrich, die aus dem mit Bindemittel überdosierten, mineralischen Untergrund übertragen werden, Hinterfeuchtung des Anstriches durch Niederschlagswasser führt zur Reduktion der Haftfestigkeit und zur Versprödung des Anstriches durch Weichmacherauswanderung (Bild 1, 2)

- Feuchtigkeit dringt unter den nicht abgedichteten Dachrandblechen in die Wandkonstruktion; feuchter, mineralischer Untergrund führt zur Verseifung und Haftungsverminderung des Anstriches, unter Sonneneinstrahlung entsteht unter dem Anstrich ein hoher Wasserdampfdruck, grosse Partialdruckdifferenz bewirkt Blasenbildung (Bild 3)

- Unsachgemässer, seitlicher Anschluss des mit zu geringem Gefälle versetzten Fensterbankes, stehendes Wasser durchfeuchtet angrenzende, verputzte und mit Dispersionsfarbe gestrichene Wandfläche und führt zur Zerstörung des Anstriches durch Pilze, Flechten, Algen und Moose (Bild 4)

- Mauerwerk und Putz haben beim Auftragen des Anstriches noch zu hohen Feuchtigkeitsgehalt, Austrocknung nach aussen bewirkt Haftungsverminderung des Anstriches durch Kristallbildung der Salze (Ausblühungen) in der Grenzschicht Anstrich/Untergrund, Witterungseinflüsse zerstören den Anstrich, Algenbildung (Bild 5)

- Falsch ausgebildete, mangelhaft korrosionsgeschützte Brüstungsabdeckung aus Stahlblech, Niederschlagswasser fliesst von korrodierten Flächen auf die Fassade und verursacht Verfärbungen (Bild 6)

- Gespachteltes Betonelement, ungleichmässiges und stellenweise zu geringes Saugvermögen des Untergrundes, auskreidende und schlecht haftende Spachtelschicht bewirken ungenügende Haftung des Anstriches (Bild 7)

- Mangelhafte Entrostung und untauglicher Rostschutz- bzw. Primeranstrich auf Stahl bzw. galvanisiertem Stahlblech bewirken ungenügende Haftung und nachfolgende Ablösung des Anstriches (Bild 8, 10)

- Wasserdurchlässiger Steinzeugbelag auf Balkon, als «Feuchtigkeitsisolation» aufgetragener Anstrich haftet nicht, da Untergrund ungeeignet, Anstrichfilme sind keine Feuchtigkeitsisolationen

Anstriche auf Aussenbauteile

1

2

3

4

5

6

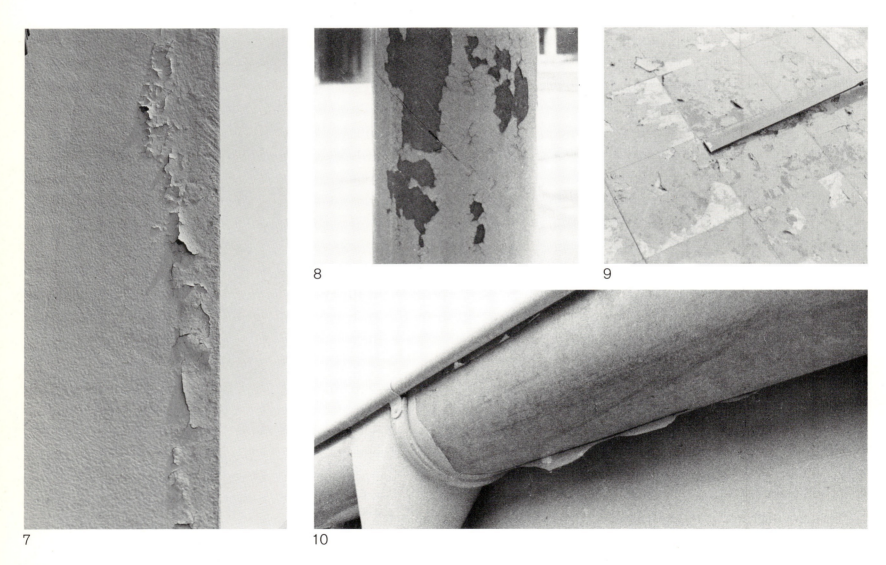

7

8

9

10

Schadenverhütung

– Entsprechend dem Untergrund geeignetes Anstrichsystem wählen; beachten, dass ein guter Anstrich nicht besser sein kann als sein Untergrund

– Richtiger Verputzaufbau wählen, Bindemitteldosierung genau kontrollieren, damit Schwind- und Quellvorgänge möglichst gering bleiben, nur gewaschene Sande verwenden

– Durchfeuchtung des Untergrundes bzw. Hinterfeuchtung des Anstriches vermeiden durch Abdichten der Dachrandabdeckungen, richtiges Ausbilden und Abdichten von Fugen, konstruktive Massnahmen für die richtige Wasserführung, Abdeckung der Kronen von bewitterten Wänden und Brüstungen

– Fassadenkonstruktionen bauphysikalisch richtig aufbauen, schädliche Kondensatausscheidungen vermeiden, Aussenanstrich soll nicht zu hohen Dampfdurchlasswiderstand d/λ_D aufweisen

– Untergrund genügend austrocknen lassen, Feuchtigkeitsgehalt vor dem Auftragen des Anstriches prüfen z. B. Folientest

– Beton und Putz auf pH-Wert untersuchen, bei Phenolphthalein-Test mit reinem Wasser vornässen

– Zweckmässige Neutralisationsmittel verwenden, nach erfolgter Behandlung pH-Wert nochmals messen

– Feuchtigkeits- und pH-Wertmessungen nicht nur auf die Oberfläche beschränken

– Untergrund auf Saugvermögen durch Tropfenprobe prüfen, zu dichte oder poröse Untergründe vorbehandeln (Tiefgrundierung)

– Oberflächenausscheidungen, wie Kalksinterschicht und Ausblühungen, trocken oder nass entfernen, vollständig entstauben, Austrocknen des Untergrundes abwarten

– Alle Prüfungen des Untergrundes an verschiedenen Stellen vornehmen

– Mürbe Putzschichten und alte nicht haftende Anstriche entfernen, staubfrei reinigen und vorbehandeln, Klebbandtest

– Beachten, dass bei altem Mauerwerk mit mineralischem Anstrich nachwandernde Feuchtigkeit, z. B. aus dem Erdreich, austrocknen kann, filmbildende Anstriche (Renovationen) die Austrocknung aber behindern und Schäden auftreten

– Metallische Untergründe besonders gut reinigen, zur Haftverbesserung Stahl mit korrosionshemmenden Pigmenten grundieren, verzinktes Stahlblech mit Primeranstrich, z. B. Zinkchromatprimer auf Epoxidharzbasis, versehen

Rechtsfragen bei Bauschäden

von Dr. iur. Heinrich Zemp, Luzern

Bauschäden, wie dieses Buch sie beschreibt, beschäftigen häufig auch den Juristen. Dabei geht es meistens um die Frage, ob ein Schaden als Werkmangel mit den sich daraus ergebenden Rechtsfolgen zu gelten und wer dafür einzustehen habe.

1. Was sind Werkmängel?

Der Werkmangel wird in Art. 166 der SIA-Norm 118 «Allgemeine Bedingungen für Bauarbeiten» (Ausgabe 1977) definiert als eine Abweichung des Werkes vom Vertrag. Abs. 2 von Art. 166 erläutert: «Der Mangel besteht entweder darin, dass das Werk eine zugesicherte oder sonstwie vereinbarte Eigenschaft nicht aufweist; oder darin, dass ihm eine Eigenschaft fehlt, die der Bauherr auch ohne besondere Vereinbarung in guten Treuen erwarten durfte (z.B. Tauglichkeit des Werkes für den vertraglich vorausgesetzten oder üblichen Gebrauch)». Damit ist das Wesentliche gesagt. Dass das Fehlen einer vereinbarten oder zugesicherten Eigenschaft als Werkmangel gilt, liegt auf der Hand. Dies selbst dann, wenn durch die Vertragsabweichung die Gebrauchstauglichkeit nicht beeinträchtigt wird. Ein Haus mit roten Jalousieläden ist mit einem Werkmangel behaftet, wenn der Bauherr (Besteller) braune Läden bestellt (und versprochen erhalten)

hat. – Schwieriger zu beurteilen ist der Werkmangel beim Fehlen einer zwar nicht ausdrücklich vereinbarten oder zugesicherten aber dennoch vorausgesetzten Eigenschaft. Zur Diskussion stehen hier vor allem Qualitätsmängel. Was darf der Bauherr voraussetzen, lautet die Kernfrage. Der Richter, zum Entscheid darüber aufgerufen, ist nicht völlig hilflos. Die Fachverbände, vorab der Schweizerische Ingenieur- und Architektenverein (SIA), haben Normen und Empfehlungen entwickelt, die auch ohne besondere Vereinbarung im Werkvertrag als geltende Übung dafür betrachtet werden können, was in bezug auf Qualitätsanforderungen an ein mängelfreies Werk erwartet wird. Wer beispielsweise heute als Unternehmer nicht innerhalb der Grenzwerte der SIA-Norm 181 «Schallschutz im Wohnungsbau» (Ausgabe 1976) baut, riskiert, auf Klage des Bauherrn einen Werkmangel mit den sich daraus ergebenden Folgen einzuhandeln. Vielfach werden die Normen, Bedingungen und Messvorschriften des SIA zu integrierenden Bestandteilen des Werkvertrages erklärt (so im offiziellen SIA-Werkvertragsformular), womit die Qualitätsansprüche an das Werk nicht bloss stillschweigend vorausgesetzt, sondern ausdrücklich vereinbart sind, was die Abklärung des Werkmangels im Streitfall erleichtert.

2. Rechtsfolgen beim Werkmangel

Art. 368 OR gibt dem Bauherrn wahlweise das Minderungs- und das Nachbesserungsrecht, also das Recht entweder auf Herabsetzung der Vergütung oder auf Nachbesserung des Werkes durch den Unternehmer. Die Wahl zwischen diesen beiden Mängelrechten steht dem Bauherrn allein zu, so dass gegen dessen Willen der Unternehmer nicht nachbessern kann. Leidet das Werk an so erheblichen Mängeln, dass es für den Bauherrn unbrauchbar ist oder dass ihm die Annahme billigerweise nicht zugemutet werden kann, ist der Bauherr zur Wandelung berechtigt, was Vertragsrücktritt bedeutet. Allerdings: bei Werken, die auf Grund und Boden des Bauherrn errichtet sind und die sich nur mit unverhältnismässigen Nachteilen für den Unternehmer entfernen lassen, erschöpfen sich die Mängelrechte im Minderungs- und Nachbesserungsanspruch.

Soweit die gesetzliche Regelung. Die SIA-Norm 118 (Art. 169) hat diese abgeändert und räumt dem Bauherrn vorerst nur das Nachbesserungsrecht ein. Erst wenn der Unternehmer innert einer vom Bauherrn angesetzten angemessenen Frist nicht leistet, leben alternativ zum Nachbesserungsrecht, welches bleibt, die übrigen Mängelrechte auf, also Minderungsrecht und eventuell

Wandelungsrecht. Keiner weiteren Erklärung bedarf die Regel des Art. 369 OR, wonach die Mängelrechte dahinfallen, wenn der Bauherr die Mängel durch Weisungen, die er entgegen den ausdrücklichen Abmahnungen des Unternehmers über die Ausführung erteilte, selber verschuldet hat.

Nachzutragen ist, dass die Haftung des Unternehmers dessen Verschulden nicht voraussetzt, und zwar sowohl nach dem Werkvertragsrecht des OR als auch nach SIA-Norm 118 (siehe Art. 165 Abs. 2). Man spricht in diesem Zusammenhang von der Kausalhaftung. Der betroffene Bauherr hat nur den Werkmangel und dessen Zusammenhang mit der Arbeit des Unternehmers, den er haftbar macht, zu beweisen. Lediglich zur Geltendmachung des Folgeschadens eines Mangels (z. B. Umtriebe des Bauherrn, der wegen eines Mangels verspätet einziehen kann), ist das Verschulden des Unternehmers vorausgesetzt.

3. Die Haftungsdauer

Wiederum ist zu unterscheiden zwischen den gesetzlichen Bestimmungen des OR und der Regelung in SIA-Norm 118. Nach Art. 371 OR verjähren die Mängelrechte des Bauherrn beim unbeweglichen Bauwerk innert fünf Jahren seit Abnahme des Werkes, beim beweglichen Werk innert Jahresfrist seit der Ablieferung. Das bedeutet keineswegs, dass der Bauherr mit der Mängelrüge fünf bzw. ein Jahr zuwarten kann. Prüfung und Mängelrüge haben nach Ablieferung des Werkes zu erfolgen, «sobald es nach dem üblichen Geschäftsgange tunlich ist» (Art. 367 OR). Wer nach Entdeckung des Mangels nicht sofort rügt, geht der Mängelrechte verlustig. Um Risiken dieser Art auszuschalten, kann der Bauherr – wie übrigens auch der Unternehmer – «auf seine Kosten eine Prüfung des Werkes durch Sachverständige und die Beurkundung des Befundes verlangen» (Art. 367 Abs. 2 OR). Im Kampf um die Verjährung ist häufig streitig, ob die ein- oder die fünfjährige Frist gelte. Als unbewegliches Bauwerk gilt allgemein eine durch Verwendung von Material und Arbeit in Verbindung mit dem Erdboden hergestellte unbewegliche Sache, also ein Gebäude oder Teile davon, eine Strasse, eine im Erdreich verlegte Leitung etc. Gleich gestellt werden Um- und Einbauten sowie Hauptreparaturen an unbeweglichen Werken. Entscheidend in Grenzfällen dieser Art ist, dass erst nach mehr als einem Jahr erkennbar wird, ob das unbewegliche Bauwerk den Anforderungen der Festigkeit oder den geologischen und atmosphärischen Verhältnissen standhalte oder nicht. Das hat das Bundesgericht im Jahre 1967 nicht davon abgehalten, in einem grundlegenden Entscheid den Erneuerungsanstrich eines Hauses als bewegliches Werk (mit einjähriger Verjährung) zu qualifizieren. Die Kritik zu diesem Entscheid ist erwartungsgemäss nicht ausgeblieben.

Die SIA-Norm 118 unterstellt die Haftungsdauer einer Sonderregelung. Nach Art. 172 besteht eine «Garantiefrist» von zwei Jahren, die für das Werk oder einzelne Werkteile mit dem Tag der Abnahme zu laufen beginnt. Es handelt sich dabei um eine auf zwei Jahre beschränkte Rügefrist, während welcher Mängelrügen jederzeit, also unabhängig vom Zeitpunkt der Entdeckung eines Mangels, wirksam vorgenommen werden können. Das bedeutet eine Besserstellung des Bauherrn gegenüber der Rügepflicht nach OR. Mit Ablauf der Garantiefrist erlischt das Recht des Bauherrn, vorher entdeckte Mängel zu rügen (Art. 178). Damit entfällt auch die Haftung des Unternehmers für solche Mängel. Hingegen bleibt die Haftung bestehen für Mängel, die der Bauherr erst nach Ablauf der Garantiefrist entdeckt (sogenannte verdeckte Mängel), sofern sie sofort nach der Entdeckung gerügt werden (Art. 179). Die Verjährung der Mängelrechte tritt nach fünf Jahren seit Abnahme des Werkes ein, im Fall von absichtlich verschwiegenen

Mängeln nach zehn Jahren (Art. 180). – Die Regelung des SIA unterscheidet somit nicht zwischen beweglichen und unbeweglichen Werken, sondern es gilt für beide einheitlich die zweijährige Garantiefrist und die fünfjährige Verjährungsfrist, was für den Bauherrn zweifellos von Vorteil ist.

Es stellt sich noch die Frage, wie Garantie- und Verjährungsfrist unterbrochen werden können. Für die erstere gilt Art. 176 der SIA-Norm 118, wonach nach Behebung eines während der Garantiefrist gerügten Mangels für den instandgestellten Teil auf Anzeige des Unternehmers eine neuerliche Prüfung und Abnahme stattfindet. Mit dem Tag der Abnahme beginnt die Garantiefrist für den instandgestellten Teil neu zu laufen. Unwesentliche Mängel unterbrechen die Garantiefrist nicht. Demgegenüber kann die Verjährungsfrist nur auf die im allgemeinen für die Verjährung vorgesehene Weise unterbrochen werden (Art. 135 ff. OR), also namentlich durch Anerkennungshandlungen seitens des Unternehmers (Inangriffnahme der Mängelbeseitigung, Abschlagszahlung an Minderungsforderung und dergleichen) oder durch Rechtsverfolgung seitens des Bauherrn (Klageeinreichung, Einrede, Schuldbetreibung, Eingabe im Konkurs oder Ladung zu einem amtlichen Sühneversuch). Wichtig ist, dass die wenn auch eingeschrieben zugestellte Mängelrüge des Bauherrn an den Unternehmer die Verjährung nicht zu unterbrechen vermag. Reagiert der Unternehmer auf die Rüge nicht, so liegt es am Bauherrn, innerhalb der Fünfjahresfrist eine Unterbrechungshandlung vorzunehmen, so durch Klage auf Verbesserung oder durch Betreibung bzw. gerichtliche Geltendmachung des Minderwertes. Richtiges Vorgehen setzt für den Bauherrn in solchen Fällen oft fachtechnische Abklärungen voraus (beispielsweise Untersuchungen über die Ursachen eines Bauschadens), will sich der Bauherr im Rechtsstreit mit einzelnen Unternehmern nicht «verrennen». Droht Beweisverlust (z. B. durch Vornahme einer dringenden Reparatur), so ist vielfach nur über eine vorprozessuale gerichtliche Beweisaufnahme der Nachweis des Werkmangels für den späteren Prozess sicherzustellen. In all diesen Fällen liegt es am Bauherrn, die Initiative zur Durchsetzung seiner Mängelrüge zu ergreifen und die Verjährung nicht eintreten zu lassen.

4. Die Haftung des Planers

Bauschäden können nicht nur beim Unternehmer, dem Vertragspartner des Bauherrn aus dem Werkvertrag, sondern auch beim Architekten und Ingenieur (im folgenden werden sie Planer genannt) Haftungsfolgen auslösen. Die rechtlichen Beziehungen zwischen Bauherr und Planer stehen unter Auftragsrecht nach Art. 394 ff. OR, sofern der Planer nicht gleichzeitig als Unternehmer (z. B. Generalunternehmer) auftritt. Nach dem Gesetz haftet der Planer «für getreue und sorgfältige Ausführung» (Art. 398 OR), was besagt, dass er im Falle von Bauschäden dann einzustehen hat, wenn diese auf eine Unsorgfalt zurückgehen. Wann aber hat der Planer die Sorgfaltspflicht verletzt? Antwort auf diese Frage geben die allgemeinen Regeln der Baukunst und Technik, wie sie zur Zeit der Bauausführung bekannt sind, deren Kenntnis sich der Jurist – vielfach mittels Gutachten – verschaffen muss. Urteilt ein von den Parteien eingesetztes Schiedsgericht, so gehören diesem häufig Fachleute an, die aufgrund ihrer Ausbildung und Berufserfahrung mit den Regeln der Baukunst und Technik zum voraus vertraut sind. Bereits die Planung kann fehlerhaft sein. Aber auch bei der Bauausführung selber kann sich der Planer die Haftung für Bauschäden zuziehen, so durch mangelnde Bauaufsicht, falsche Materialauswahl, mangelhafte Koordination der einzelnen Arbeitsgattungen und dergleichen. Solche Fehler sind vielfach nicht ausschliessliche, sondern bloss Teilursache von Bauschäden mit der Folge, dass der Planer nur zum Teil, entsprechend seiner Haftungsquote, für den Schaden aufzukommen hat.

Die SIA-Normen 102 und 103 (Ausgaben 1969) enthalten in Art. 6 Sonderbestimmungen für die Haftung der Architekten und der Bauingenieure. Nicht abgewichen wird vom Grundsatz der Sorgfaltshaftung. Hingegen soll die Haftung für entstandenen Schaden nach den genannten Normen in einem angemessenen Verhältnis zum Honorar des betreffenden Auftrages stehen; eine Bestimmung, die rechtlich nicht unbestritten ist. Weiter wird die Verjährungsfrist auf zwei Jahre seit der Fertigstellung des Werkes beschränkt. Lediglich für versteckte Mängel gilt die fünfjährige Verjährungsfrist, wie Art. 371 Abs. 2 OR für den gewöhnlichen Architekten- und Ingenieurauftrag sie vorsieht. In Fällen von grober Fahrlässigkeit gelten weder die Beschränkung der Verjährung auf zwei Jahre noch die andern Bestimmungen der SIA-Normen 102 und 103, die eine Beschränkung der Haftung von Architekt und Ingenieur vorsehen.

5. Welches Recht gilt?

Im Vorangehenden ist vom Obligationenrecht (OR) und von SIA-Normen die Rede, wobei die Normen vielfach von der gesetzlichen Regelung des OR abweichen. Den Unternehmer und Planer interessiert die Frage, welches Recht im Einzelfall gelte, denn davon kann der ganze Erfolg in einem Rechtsstreit abhangen. Dazu ist folgendes auszuführen:

Die SIA-Norm 118 (der Werkvertrag nach SIA) hat keine allgemeine Geltung wie das OR. Die Bestimmungen der Norm sind nur dort verbindlich, wo die Vertragsparteien sie als integrierenden Bestandteil des Werkvertrages übernommen haben. Die Übernahme erfolgt in den meisten Fällen durch Verweis auf die SIA-Norm 118 im Werkvertrag selber (so ausdrücklich im SIA-Vertragsformular 23 «Werkvertrag»), gelegentlich auch in einer separaten Vereinbarung, und zwar schriftlich oder mündlich. Die Parteien sind also frei, für ihren Werkvertrag die SIA-Norm 118 ganz oder bloss zum Teil gelten zu lassen. Auch eine Formvorschrift für die Übernahme besteht nicht. Immerhin empfiehlt es sich, schon beim Abschluss des Werkvertrages Klarheit über das anzuwendende Recht zu schaffen.

Gleiches gilt für die Anwendung der SIA-Normen 102 und 103 beim Architekten- und Ingenieurvertrag.

Symbole

	Stahlbeton
	Magerbeton
	Zementmörtel/-platten
	Kies
	Sand
	Mauerwerk
	Kunststein

	Keramische Platten
	Holz
	Starre Wasserisolation
	Kunststoffdichtungsbahn
	Bitumendichtungsbahn
	Dampfbremse/-sperre
	Abdecklage/Trennschicht

	Wärmedämmschicht Trittschalldämmschicht
	Fugendichtungsmasse
	Gleit- + Verformungslager
	Blech
	Schwachstelle
	Wärmebrücke
	Luftströmung

Tabellen und Formeln

Linearer Wärmeausdehnungskoeffizient/Dichte/Elastizitätsmodul von Baustoffen und Bauteilen

Tabelle 1	Linearer Wärmeausdehnungskoeffizient	Dichte	Elastizitätsmodul	
Kurzbezeichnung Einheit	α $10^{-6} \cdot K^{-1}$	δ $10^3 \cdot \frac{kg}{m^3}$	E $10^3 \cdot \frac{kp}{cm^2}$	E $10^3 \cdot \frac{N}{mm^2}$
Baustoff / Bauteil				
Stahlbeton	12	2.3 – 2.5	200 – 500	20 – 50
Backsteinmauerwerk	6	1.3 – 1.6	50 – 150	5 – 15
Kalksandsteinmauerwerk	8	1.6 – 1.8	70 – 180	7 – 18
Gasbeton	8	0.45 – 0.8	10 – 25	1 – 3
Blähtonbeton	8	0.7 – 1.0	100 – 150	10 – 15
Asbestzementplatten	10 – 12	1.8 – 2.2	130 – 170	13 – 17
Glas	8 – 10	2.5	600 – 900	60 – 90
Gipsplatten	20 – 25	0.8 – 1.0	10 – 40	1 – 4
Kalkstein	6 – 8	1.6 – 2.8	800 – 900	80 – 90
Sandstein	7 – 12	1.9 – 2.7	70 – 120	7 – 12
Granit	8	2.3 – 2.7	500 – 600	50 – 60
Mineralischer Putz	8 – 12	1.8 – 2.2	80 – 100	8 – 10
Kunststoffputz	60 – 90	1.0 – 1.3		

Tabelle 2	Linearer Wärmeausdehnungskoeffizient	Dichte	Elastizitätsmodul	
Kurzbezeichnung Einheit	α $10^{-6} \cdot K^{-1}$	δ $10^{3} \cdot \frac{kg}{m^3}$	E $10^{3} \cdot \frac{kp}{cm^2}$	E $10^{3} \cdot \frac{N}{mm^2}$
Baustoff / Bauteil				
Aluminium	24	2.7	740	74
Kupfer	17	8.9	1300	130
Stahl	12	7.8	2000 – 2300	200 – 230
Rostfreier Stahl	18	8.0	2000 – 2300	200 – 230
Zink	30	7.2	1000	100
Holz	3 – 50	0.35 – 0.85		
Holz längs zur Faser	3 – 6		60 – 160	6 – 16
Holz tangential zur Faser	25 – 50		5 – 10	0.5 – 1
Holz radial zur Faser	15 – 35			
Schaumpolystyrolplatten	55 – 70	0.015 – 0.040	0.015 – 0.080	0.0015 – 0.008
Schaumpolyurethanplatten	50 – 120	0.030 – 0.040	0.025 – 0.1	0.0025 – 0.01
Schaumglasplatten	8	0.15	10 – 15	1.0 – 1.5
Anorganische Faserstoffmatten, -platten		0.01 – 0.170		
Bitumen	200	1.0 – 1.1		
Asphalt	35	2.1		

Formeln

Elastizitätsmodul	E	$=$	$\dfrac{\sigma}{\varepsilon}$	$\dfrac{kp}{cm^2}$ $(\dfrac{N}{mm^2})$
Spannung bei behinderter thermischer Dehnung	σ	$=$	$E \cdot \Delta T \cdot \alpha$	$\dfrac{kp}{cm^2}$ $(\dfrac{N}{mm^2})$
Kraft bei behinderter thermischer Dehnung	F	$=$	$\sigma \cdot A$	kp (N)
Thermische Längenänderung	Δl	$=$	$l_0 \cdot \alpha \cdot \Delta T$	m (m)
Spezifische Längenänderung	ε	$=$	$\dfrac{\Delta l}{l_0}$	
Feuchtigkeitsgehalt in	Gewichts %	$=$	$\dfrac{G_f - G_t}{G_t} \cdot 100$	%
Feuchtigkeitsgehalt in	Volumen %	$=$	$\dfrac{G_f - G_t}{V_t} \cdot 100$	%

$$\text{wobei:} \quad \text{Gewichts \%} = \frac{\text{Vol.\%}}{\delta} \quad ; \quad \text{Vol.\%} = \delta \cdot \text{Gew.\%}$$

Erläuterungen:

α	Linearer Wärmeausdehnungskoeffizient	$\dfrac{1}{\text{Grad}}$	(K^{-1})
ΔT	Temperaturdifferenz	Grad	(K)
l_0	Ursprüngliche Länge	m	(m)
δ	Dichte	$\dfrac{kg}{dm^3}$	$-$
F	Kraft	kp	(N)
A	Fläche	cm^2	(mm^2)
G_f	Gewicht des Stoffes in feuchtem Zustand	kp	(N)
G_t	Gewicht des Stoffes in trockenem Zustand	kp	(N)
V_t	Volumen des trockenen Stoffes	dm^3	$-$

Stichwortverzeichnis